Adrian
Hon

给91件
未来事物
写历史

A NEW

HISTORY

OF THE

FUTURE IN

91

OBJECTS

[英] 阿德里安·韩 / 著

王扬 / 译

台海出版社

北京市版权局著作合同登记号：图字01-2020-7024

@2020 Adrian Hon represented by The MIT Press,Cambridge Massachusetts 02142,USA.The simplified Chinese translation rights arranged through Beijing Zhizhetianxia Technology Co.,Ltd（本书中文简体版权经由北京智者天下科技有限公司取得）

图书在版编目（CIP）数据

　　给91件未来事物写历史 /（英）阿德里安·韩著；王扬译. --北京：台海出版社，2022.2
　　书名原文：A NEW HISTORY OF THE FUTURE IN 100 OBJECTS
　　ISBN 978-7-5168-3173-1

　　Ⅰ. ①给… Ⅱ. ①阿… ②王… Ⅲ. ①科技发展—世界—普及读物 Ⅳ. ①N11-49

　　中国版本图书馆CIP数据核字（2021）第233280号

给91件未来事物写历史

著　　者：（英）阿德里安·韩	译　　者：王扬
出 版 人：蔡　旭	封面设计：木　春
责任编辑：王　艳	策划编辑：贺　靓

出版发行：台海出版社
地　　址：北京市东城区景山东街20号　　邮政编码：100009
电　　话：010-64041652（发行，邮购）
传　　真：010-84045799（总编室）
网　　址：http://www.taimeng.org.cn/thcbs/default.htm
E - mail：thcbs@126.com

经　　销：全国各地新华书店
印　　刷：三河市兴博印务有限公司
本书如有破损、缺页、装订错误，请与本社联系调换

开　　本：710mm×1000mm　　　　1/16
字　　数：258千字　　　　　　　　印　　张：22.5
版　　次：2022年2月第1版　　　　印　　次：2022年2月第1次印刷
书　　号：ISBN 978-7-5168-3173-1

定　　价：69.00元

目录

致谢

　　思考未来时，我们思考的实际上是我们的过去与现在。 这部《给 91 件未来事物写历史》的灵感，源于大英博物馆和英国广播公司出品的出色作品《100 件藏品中的世界史》（*A History of the World in 100 Objects*）。 这档系列广播节目既能够启发想象，又生动鲜活，在历史探索作品中堪称翘楚。 当我听完第 100 集后，立刻便开始思考接下来可以用来代表世界历史的事物会是什么。

　　从更广泛的意义上说，我要感谢那些带给我启发的作家：弗诺·文奇[1]（Vernor Vinge）、伊恩·班克斯[2]（Iain Banks）、尼尔·斯蒂芬森[3]（Neal Stephenson）、金·斯坦利·罗宾逊[4]（Kim Stanley Robinson）、刘易斯·海德[5]（Lewis Hyde）、特德·姜[6]（Ted Chiang）、乔治·奥威尔[7]（George Orwell）、斯坦尼斯瓦夫·莱姆[8]（Stanislaw Lem）等。 如果没有他们的创作和思考，未来将变得更

---

1. 弗诺·文奇（1944-），美国科幻小说家、数学家、计算机专家。科幻小说代表作包括《真名实姓》《深渊上的火》《天渊》《彩虹尽头》等，后三部均获雨果奖最佳长篇。——译者注
2. 伊恩·班克斯（1954-2013），英国科幻小说家，曾两度获得英国科幻协会奖。代表作包括《捕蜂器》及一系列以"文明"宇宙为背景的太空歌剧小说。——译者注
3. 尼尔·斯蒂芬森（1959-），美国科幻小说家。代表作包括《大学》《雪崩》《钻石时代》等。——译者注
4. 金·斯坦利·罗宾逊（1952-），美国科幻小说家、评论家，作品多次获雨果奖、星云奖、轨迹奖等。代表作包括"火星三部曲"（《红火星》《绿火星》《蓝火星》）等。——译者注
5. 刘易斯·海德（1945-），学者、作家、文化评论家。代表作包括《礼物》《骗子玩转世界》等。——译者注
6. 特德·姜（1967-），华裔美国科幻小说作家，作品多次获雨果奖、星云奖、轨迹奖等。代表作包括《巴比伦之塔》《你一生的故事》《呼吸》等。——译者注
7. 乔治·奥威尔（1903-1950），英国作家、记者、社会评论家，作品有很多超越时代的预言。代表作包括《动物庄园》《一九八四》等。——译者注
8. 斯坦尼斯瓦夫·莱姆（1921-2006），波兰科幻小说作家、哲学家。代表作包括《索拉里斯星》《机器人大师》《完美的真空》等。——译者注

加未知而阴暗。 感谢我在马萨诸塞理工大学出版社的编辑苏珊·巴克利（Susan Buckley）提供的宝贵建议，感谢本书第一版的编辑理查德·丹尼斯（Richard Dennis）和安德里亚·菲利普斯（Andrea Phillips）。 我还要感谢我的经纪人维罗妮卡·巴克斯特（Veronique Baxter）。

感谢我的家人，特别是我的母亲梅蒂丝（Metis）、父亲伯纳德（Bernard Hon），还有我的伴侣玛格丽特·梅特兰（Margaret Maitland）。 感谢他们的支持与鼓励。

感谢我的朋友内奥米·阿尔德曼（Naomi Alderman）、安德里亚·菲利普斯（Andrea Phillips）和亚历山大·马西（Alexandre Mathy），感谢他们的建议与幽默。 我还要感谢在"敲门砖"（Kickstarter）网站上支持本书第一版的人。 没有你们，这本书就不会存在。

序

为什么要写一部 21 世纪的历史？

我们又来到了一个世纪的尾声。对普通人来说，想要分析我们目前掌握的数据堪比天方夜谭。毕竟，我们已经被来自世界各个角落的信息包围，这些信息涵盖了这个世纪的每一秒。一眨眼的工夫，一千部关于个人和系统的详细历史便可生成。但是我相信，在这个世纪即将结束之时，我们不仅要从整体着眼，更要关注人类生活的微小细节。这是人类历史上一个不同寻常的时代。

当然，每个世纪都是不同寻常的。有的极其血腥和黑暗，有的则孕育了重大的社会革命、科学进步，或者是宗教和哲学运动。但 21 世纪是与众不同的。它代表的是人类历史上第一个，我们不得不真正质疑人类意义的时刻。我希望通过这本书里的 91 件事物，来讲述属于我们全体人类的故事。

我会讲述我们是如何通过巴别孤、默信以及大脑泡沫来让彼此的联系更加紧密，以及我们是如何因为生物群落在自然和文化层面变得彼此疏离。

有了编织社、耳环和再特许城市，我们在追求平等和启蒙的漫长征途中取得了可观的进展；但虚拟现实密室审讯、科林伍德流星和差评都显示出，我们是多么容易倒退回恐怖与残暴的旋涡当中。

我们不满于智能药物和象形表情所带来的微小进步，于是更进一步，谋求以更快的方式改变自己。增强团队、米里亚姆·徐的花边、标枪以及后人类都展现了智人可以以何种方式发生变化，而且并不总是以我们希望的方式。

通过新获取的种种能力，地球的街巷、建筑、海洋、山川，以及月球、火星、一千颗小行星、整个太阳系，甚至更远的地方都留下了我们的标记。我们做了人类该做的事情：改变了这个世界。而我们最值得纪念的壮举，莫过于创造了新的生命形式。

这 91 件事物并非都依旧存在。有些事物的故事借助管理我们生活的软件和数据，或是通过记忆和印象，做了最大程度的保留。我收集了这些故事，并将在本书恰当的地方进行转录。

和以往一样，未来仍旧模糊不清。但我们可以确定一点：下个世纪一定不会属于我们。它将属于我们创造的东西。只有当它们了解了我们在这个最为瞬息万变的世纪中造就的成功与悲剧时，我们才能指望它们驱动下一个世纪的进步。

这本书并不是 21 世纪的全部历史记录，它只是通过 91 件事物，讲述我们故事的一小部分。这些故事里，有的我们引以为豪，有的我们可能只想忘掉。我希望这本书可以带给我们的后来人一些有用的知识、一点见解，或者至少是些许乐趣。

不过，我也希望，它能够提供某种指引。

——伦敦，2082

电子脚铐

ANKLE SURVEILLANCE MONITORS

美国 | 圣何塞 | 2020 年

"6 个月刑期，听上去不算糟。我的意思是，与那些要在监狱里待上 5 年或者 10 年的人相比，我这 6 个月算不得什么。可是，仅仅是 6 个月，也足够让你丢掉工作，甚至是失去家人和朋友，失去那些你可以依靠的人。只因为持有大麻便遭受这样的惩罚，似乎还是重了一些。"

2020 年，拉尔夫·特纳，25 岁的卡车司机，同时也是两个孩子的父亲，在圣何塞因涉嫌持有非法数量大麻而被捕。经过短暂的审判，特纳被定罪，并被判处 6 个月的强制监禁。

加利福尼亚州监狱爆满，该州因长期的严重财政危机，无力另建监狱。在别无选择的情况下，法院让特纳参与了一个针对低风险罪犯的试验性缓刑计划。

特纳被带到一个技术中心，看了一段短片。他的手机号码被输入进电脑。一名技术人员在他的脚踝上缠了一圈量尺，片刻后，把一个轻巧的塑料脚环套在他的脚踝上。他获得了自由，尽管有某些限制。无意中，拉尔夫·特纳成为第一批因美国尝试摆脱其昂贵而无效的刑罚体制而获益的人。

我现在拿着的就是一个"电子脚铐"，它是一个薄薄的塑料圈，算上里面的填充物大概半厘米厚。塑料层包裹的是一台简易计算机、一个无线电装置，以及一个远场麦克风阵列。

和早期的监控设备一样，它可以通过卫星定位来确定佩戴者的位置。如果被监视者离开或接近受限制区域，设备就会发出警报。不过特纳的设备另有玄机。麦克风阵列会持续记录下途经区域的所有声音，并将其输送到远程服务器上。因此，如果佩戴者涉嫌违反缓刑条例，通过法院命令便可解码相关音频。更具争议的是，监控器不仅会向警方和司法系统传递信息，学校、医院、机场等诸多"相关机构"也会收到其信息，这一点令公众感到担忧。

理论上讲，这种新一代的电子脚铐可以有效监控低风险罪犯，比如涉嫌持有毒品、小偷小摸或破坏他人财物的犯罪者。它不仅可以为每位纳税者节约数万美元的税金，还可以让佩戴者继续工作，与家人一起生活。再加上强制性的社区服务，这种电子脚铐似乎是最好的，同时也是唯一的选择——相较于昂贵且对于减少犯罪收效甚微的刑罚制度而言。专家阿米拉·格斯（Amira Goss）详细介绍道：

在 2020 年，全球在押囚犯的人数超过 1000 万人，美国占其中的四分之一，而这个国家的人口数只占世界的 5%。令人难以置信的是，很少美国人会思考这个国家的监禁制度。即便有思考，也大多认为它太过仁慈。监狱在 19 世纪才成为刑罚的普遍手段，但这一事实被人们完全忽略。从历史的角度来看，美国的刑罚制度和旧时的债务人监狱几乎并无不同。很多囚犯被逼从事酬劳低于最低工资标准的工作，以换取他们的生活费。这不仅是一种极其严重的浪费，更糟糕的是，它并没有起到应有的作用。累犯率居高不下，即便是长刑期也无法阻止那些在生活中几乎没有选择的罪犯。监禁的意义更多是惩罚，以及将罪犯直接从公众视线中移除。对谋杀等严重犯罪来说，这样的处置尚可理解，但对小偷小摸这样的犯罪来说，这样做就没什么意义可言了。

1970 年至 2020 年间，美国的监禁率提高了 5 倍，这主要归因于强制性判刑标准、监狱系统私有化，以及与其他富裕国家相比对犯罪和惩戒更为严厉的态度。大约每 100 个成年人中就有 1 个要被关进监狱，浪费的劳动力成本是非常可观的，当然也与犯罪率相对缓慢的下降不成正比，即使我们假定这种刑罚制度真的有所帮助。

监狱已经成了摧毁人们家庭、令人们丢掉正常工作的地方，同时滋生出一种邪恶的犯罪文化。不过从现实的角度来看，电子脚铐的推广并不是考虑到监禁浪费的劳动力成本，而是经济成本。到 21 世纪初，把一个人关进监狱所要消耗的成本几乎与美国的人均收入等价。

新型电子脚铐在加利福尼亚州遭到来自各个政治派别的强烈抵制。美国公民自由联盟（ACLU）认为，电子脚铐在对人权的侵犯程度上是前所未有的。该州共和党人士则宣称，以这样的方式"释放"数以万计的囚犯，会导致暴力犯罪事件激增。但到 2050 年代，数据矿工们根据《透明度法案》，揭示出大多数反对者都获得了那些通过私人监狱牟利的公司的捐款，而他们所发出的警告则被胆小且易被说服的公众照单全收。

但美国政府别无选择，它已无力承担如此多罪犯的安置费用。在富于魅力的宗教领袖詹姆斯·马龙（James Malone）牧师的有力宣讲下，公众最终才相信，与其在罪犯们身上消耗税金，不如尝试让他们重新融入社会。

但麻烦也接踵而至。无论是否佩戴电子脚铐，很多罪犯仍会重操旧业，即使他们很快会再度被捕。还有几十人干脆人间蒸发。另外有数百人因为单纯的机械故障而遭受到了不公平的惩罚。

正如安全专家们预计的那样，电子脚铐遭到了反向改装，跟踪信号屡遭误导和拦截。6个月后，一次固件升级才解决了问题，但在一段时间内，任何持有合适设备的普通人都可对电子脚铐的佩戴者进行追踪。最致命的是，电子脚铐的收音效果往往不尽如人意，无法作为证据。直到2022年新硬件发布，并与佩戴者的其他传感设备充分协调，这个问题才总算解决。

但美国政府并未放弃，毕竟前期投入已经相当可观，再加上节约开支的愿景实在诱人。3年后，试点项目推广到所有低风险罪犯身上，其他几个资金紧张的州也加入进来，因为他们真的相信这样做可以省钱。在纽约州和宾夕法尼亚州，电子脚铐与灵活的社区服务体系联系在一起，更多机构——教堂、慈善机构、图书馆、企业——被允许绕过监狱系统，直接与罪犯合作，通过指导和教育计划帮助他们找到工作，获得稳定的个人及家庭生活。

在这些走在前列的州，刑期变得越来越短，管理越来越轻松，罪犯也越发容易掌控。到2036年，美国监狱人口锐减三分之一，每年的开支节省了数百亿。更重要的是，数以百万计的罪犯得以继续工作，他们的家庭也能够保持完整。

现如今，我们可以通过电子脚铐这个案例，看到21世纪初人类典型的困境及其妥协。如果我们将美国监狱制度的彻底改革单单看成是一次技术革新的结果，忽视其中的人为支持及设计，那肯定是个错误，但它仍是一个有力的象征。社会历史学家朱莉·姚（Julie Yao）观察到：

电子脚镣的重要性在于它终结了囚犯们身上迅速累积的疏离感及失败感。我们很容易认为，2020 年的美国人在某种程度上是最为冷漠的，但事实上，很多人在当时都把监狱看成唯一可以阻断犯罪的东西，这也要归因于当时热衷于博人眼球的媒体。而电子脚镣则把惩戒与改造重新带回公众视野，但代价是将无处不在的监控常态化，这一因素在 21 世纪后期导致了严重的后果。

　　我们无法得知特纳在佩戴电子脚镣的这 6 个月里有何感想，但回溯他的个人数据，包括脸书（Facebook）、聊天记录和短信记录，他的状态似乎相当不错。在多年后的一次采访中，特纳表示："我并不喜欢当小白鼠，我当然也不喜欢有人在不管我做什么的时候都能监视到我。但如果你让我在监狱和电子脚镣之间做选择，我会自己把那玩意儿戴上。"

说话偶

SPEEKY

美国 | 剑桥 | 2020 年

这是一种狂热，简单而纯粹。人们会为它排上数小时队，甚至几天。他们会出价十倍甚至是百倍，只求能得偿所愿。无论有钱没钱，只要你有孩子，就必须拥有它。疯狂的需求让它在短短两个月内就销售了 2000 万件，成为那个年代最受欢迎的玩具。

我说的这个小小的、毛茸茸的，简单来说非常可爱的玩具，叫作"说话偶"。这个玩具看上去简简单单，可是在它背后，却隐藏着众筹、外包制造、国际关系，以及 500 万名自由演员的复杂组合。

说话偶的外观很像以前的泰迪熊——高约 20 厘米，有色彩鲜艳的绒毛，还有一双富有表现力的漂亮眼睛。尽管模样精致，但光是外表还不足以令它达成百万销量。要想了解其中的秘密，你必须按下说话偶的开关。

现在，如果我把这个说话偶放在它的充电器上（当然，充电器也就是它的"小床"），它就会醒过来：伸伸腿，揉揉眼睛，做诸如此类的动作。一旦完全"清醒"，它就会和我说话。但实际上，说话的并不是说话偶。在 2020 年，对话级的人工智能还要再过十多年才能诞生。

但它也不是根据事先设定好的程序照本宣科，因为我可以向它提出各种各样的问题，比如我今天该逛公园还是去海滩，而它能够根据先前的对话，给我一个恰当的个性化回答。所以实际上，说话偶并不是玩具，而是一个由木偶师控制的玩偶。这位木偶师可能在隔壁的某个房间，也有可能在地球的另一边。

2020年初，马萨诸塞理工大学的一个学生团队发明了说话偶。它的研发利用了诸如弹性机器人皮肤驱动器、发动机、摄像头以及无线芯片等组件成本迅速下降的有利条件——如果你愿意，可以称之为"智能手机战争"的红利。机器人历史学家斯坦·马尔霍特拉（Stan Malhotra）谈到了这些学生的成功之路：

他们完成了说话偶的最初构想，那更像是一个思想实验，而非商业冒险。当他们把草样送到广东的一家工厂时，并没有指望能够生产出任何有实际意义的东西。但就像很多项目的破冰一样，团队中的一位成员，爱丽丝·史蒂芬森偶然遇到了一群来自波士顿大学的业余演员，这令他们萌生了制造在线工具，让演员们可以像操控木偶那样轻松操控说话偶的想法。在"敲门砖"网站进行过一轮众筹之后，他们的预订单总金额已经超过了 2000 万美元。

说话偶并不是首款连接互联网的玩具，但它首次实现了廉价但设计精良的机器人组件与木偶式操控界面的结合。最重要的是，这个界面对于任何玩过动作类游戏或角色扮演类游戏的玩家都轻车熟路——换句话说，全球有几亿人可以轻松驾驭。然而，尽管说话偶的动作对一些年幼的孩子来说很有趣，但远不能满足大多数用户的需求，因为他们希望进行的是语音互动。而事实证明，即便对于非英语母语的操纵者，这项任务也不难完成。说话偶平台可以将语音自动转换成合适的语调，令口音问题变得不再重要。此外，一些打字速度足够快的操纵者完全可以利用文字语音软件实现语音互动。真正的重点在于，操纵说话偶的是真正的人类，他可以提供真实的情感与共鸣。而这些都不是免费的。

说话偶自带 10 小时的免费语音互动功能。但试用期结束，家长就必须通过订购或微交易来购买互动时长。一个市场迅速成长，一边是提供免费时长以换取好评的新手操纵者，另一边则是技艺精湛的高级木偶师。家长可以为通过审核的木偶师提供额外的费用，但大多数人更愿意相信市场上的同行实时评价系统，看木偶操纵者们相互品头论足。但这些木偶操纵者都是些什么人呢？斯坦·马尔霍特拉解释了他们的来历：

> 如果在北美或是欧洲，你问一个普通人，最好的木偶师在哪里，他们一定会表现出对本国文化的骄傲，提几个来自他们国家的名字。但实际上，大量技艺高超的木偶师分布在世界各地——印度尼西亚、印度、南美洲——这些地方卧虎藏龙，而他们也终于有机会可以接触到那些富有且愿意付钱的观众了。

无论身处何处，这些木偶师通常都能通过网络接触到大量与西方文化相关的内容，从游戏、电视节目到电影。他们学习如何模仿迪士尼、哈利·波特等那些广受欢迎，但受到版权限制的角色。外包终于在演出行业实现了垄断。

2021 年，面向青少年和成年人的新皮肤（诸如龙、怪兽、长毛象等）、新功能的说话偶完成开发。但相关设计和技术平台已经被彻底破解，实现了复制，而大量打出低价牌的竞争对手也开始为木偶师们提供更理想的利润分成，马萨诸塞理工大学的高才生们因此很快退出了角逐。尽管说话偶及其克隆产品很快被可穿戴设备取代，因为后者可以提供更多奇妙的外形和互动，木偶师的角色也由免费的人工智能操控来完成，但说话偶从未真正消亡。相反，作为复古实物产品和复古机器人，说话偶成了一款经典玩具，与摇摇马和娃娃屋平起平坐。

坐在由我的博物馆同事操控的说话偶面前，我完全可以想象2020年代的那些孩子拆开包装，看到这只五颜六色的小熊，看着它第一次醒来、说话、跳舞和玩耍时的心情。我也可以想象那些坐在半个地球以外的木偶师的惊喜之情。只要他们能让孩子们喜笑颜开，就能够让自己的账户不断有金钱涌来。

指南
THE GUIDE

何为良好生活？哲学家、智者、传教士、电视福音布道者、心灵导师都曾试图回答关于我们应当如何生活和上进的问题。其中有的人是受到了道德责任感和宗教热情的驱使，有的则是出于对权力和金钱的渴求。不过千百年来，他们从不缺少听众，人们自愿而来，抱着改变自己或是身边世界的诉求。

但与之前的情况不同，在 21 世纪早期，有人创造了当时极具影响力的道德指南，但此人并不是雄辩的作家，也不是富于魅力的演说家。她是个程序员，开发了一款名叫"卓越指南"的应用程序。大多数人简称它为"指南"。

这个人是索菲娅·莫雷诺（Sophia Moreno）。她的父亲埃内斯托·莫雷诺是她家乡小镇圣安德烈一家化工厂的工会代表，母亲克劳迪娅在 ABC 联邦大学教授心理学。索菲娅的童年波澜不惊，她像其他小朋友一样玩耍、好好学习。直到开始在里约热内卢学习计算机科学，她才走上了一条凭一己之力改变世界的道路。

来到里约之后，索菲娅努力适应新环境，与抑郁症做斗争。她萌发了对宗教的热情，在一个福音派基督教学生社团待了几个月，然后离开，投身到学习当中。接下来的两年，她成绩优异，经常名列前茅，并获得了亚马逊提供的一份在西雅图的工作。

不过按照她朋友的说法，索菲娅对亚马逊的工作常常感到不满，她抱怨说她的工作无非是"把购物体验缩短到毫秒之间"。很快，她离开了亚马逊，开始独立创业。她开发的第一款应用是一个比较购物的软件，被下载了15000千次。随后她又开发了一款考试学习助手程序，但下载量仅有7000。

索菲娅的第三款应用便是"指南"，开发用时一年，于2021年上市。在12天内，它的下载量便达到了10000次，6周后达到100万次，12个月后2000万次，两年后3亿次。

"指南"是一款关于联系的程序。看看你的周围，你身上穿的衣服、身下坐的椅子、身边的墙壁，还有面前的手机，我们所触碰的、吃的、看的、玩的一切，都是由这世界上的其他人创造的。

这是用户第一次启动"指南"时会看到的欢迎信息。还有下文：

我们每个人都希望快乐生活、获得成功、变得强大。但如果我们只关注自己，忽略了那些与我们有关的人，我们就无法实现这些。每一件事、每一个人在每时每刻都是相互联系的。"指南"将会告诉你如何发现这些联系，如何利用它们，以及如何帮助你自己和与你有关的每一个人获得力量。

这算不上是新颖的构想。但作为一款24小时陪伴在用户身边的智能手机和智能手表应用，"指南"在直接与用户生活互动和干预方面有着独特的优势。它可以帮助人们设定、实现目标，并以更微妙的方式指导他们的行为——从起床时的特别问候，到在日历上标注的

"重要会议"开始之前提供激励信息。当然，由于整合了当时的线上社交媒体和平台，"指南"一经推出便拥有了广泛的支持者，这意味着用户可以迅速找到趣味相投的伙伴。

"指南"推出了100种音频课程，比如《如何活在当下》《为什么我们必须原谅》等，还包括25种互动练习，从情感日记到游戏，帮助用户发现身边可以带给他们快乐的事物。当然，"指南"充分利用了21世纪初"游戏化"的热潮，以经验点和等级提升为诱饵，吸引用户不自觉地参与其中。社会学家和应用程序历史学家科林·利（Colin Leigh）教授解释了它迅速风靡的原因：

"指南"直接解决了很多经历了"飞速发展"的富裕国家国民所感受到的社群与目标缺失的问题。传统的宗教团体过于保守，无法充分利用新技术，而那些拥有技术能力的组织又根本无法理解或对精神事务提起太多兴趣。诚然，正念和冥想类的应用程序在当时也很流行，不过由于其个人主义的专注倾向，这些应用程序的吸引力在不断减弱。莫雷诺将开发者与心灵导师两种身份合二为一，带来了真正的变革。

在下载过"指南"的数亿人中，并非所有人都是积极的参与者。大多数人只是出于好奇尝试了一下，并且很快就放弃了。其他人更多将它当作一款通过积极心理学带来效率提升的工具。即便如此，每天仍有数百万人使用这款应用，并参与到社群仪式当中，而这些仪式对这款应用的成功至关重要。

这些社群仪式包括聚餐、派对、健身俱乐部、庆祝活动和抗议活动等，它们进一步巩固用户们在现实世界当中的联系。实际上，他

　　　　　　　　给 91 件未来事物写历史

们被要求出现在某个地方，与陌生人见面，从而完成"指南"中的任务进程。这一要求带来了一个惩罚性的高门槛，而这个门槛后来被认为是莫雷诺真正洞察力的体现。她敏锐地意识到，在组织性宗教和类似社会结构中的退出机制，会给其他人提供他们迫切想要填补的空缺。她认为"指南"也可以做到这一点。

一时间，"指南"本身仿佛成了一种宗教。然而，尽管在接下来的 3 年里，莫雷诺不断为这款应用提供更新，但越发明显的是，她本人开始对应用的成功感到矛盾。在为数不多的公开发言中，她质疑她的追随者们是否能正确理解这款应用程序，并且开始怀疑自己是否将一些人引入了歧途。大多数学者认为，她对自己的追随者产生了强烈的责任感，这种责任感超出了她想要承受的范围。

"指南"推出 4 年后，索菲娅·莫雷诺发布了最后一次更新。在这次更新中，她解释说自己为追随者们取得的成就感到高兴和自豪，但现在到了他们独立出发，去寻找自己的"力量之路"的时候了。

"指南"的用户社群在一夜之间分崩离析。一些较大的用户群体开始开发自己的开源性应用，而同类应用则开始争抢地盘，宣布可以将"指南"用户所取得的成就和经验点迁移到自己的应用程序当中。"指南"迅速消失，正如它兴起时那样。

索菲娅·莫雷诺也消失在公众视野当中，靠"指南"的盈利生活，偶尔会发布一些令人费解的互动艺术实验项目。尽管昙花一现，她的"指南"仍证明了人们对一种哲思性生活的渴望，这种生活可以通过扎根于社群和给予模式，并辅以市场思维来实现。同时它也提醒人们，对于既有的宗教，不要总是将它们的力量视作理所当然。

编织社

THE BRAID COLLECTIVE

比利时 | 佛兰德斯 | 2021 年

这个小小的环形数字水印，约 2 平方厘米，包含三个相互连接的环。这个记号被称为"编织"（Braid），它出现在无数书籍、艺术作品、歌曲、游戏和应用程序当中，代表的是对艺术家、作者和设计师的一种新型经济支持模式——有别于市场或资助。学者刘易斯·霍尔特（Lewis Hoult）解释了它的意义：

> 编织记号意味着两点：首先，作品是由合作组织的成员共同完成的，这个合作组织所获得的利润会进行再投资；其次，这些作品至少有一部分会借助个体众筹的形式，通过预售和捐助收回资金。这是一个真正具有互助意义的社群，它将会带来一个更公平、更开放、更多元的创意世界。

在过去，有一条老掉牙的途径，让胸怀抱负的作家们"出版"——把他们的文字投入到一个巨大的市场当中。你要先上大学，然后找一份工作，还得有足够多的业余时间投入写作。最后，你把完成的作品寄给出版商，如果他们喜欢，就会付给你一笔预付款。这样你才能辞掉工作，专心写作。由于出版商方面的种种局限，这条途径并不完美，但考虑到书籍制作和发行的高额成本，作家们并没有选择的余地。

　　但现在他们有了新途径。各类出版商——不光是书籍，还包括音乐、游戏和软件——凭借其规模以及与实体零售商的关系，长期以来都能够在产品向大众投放的过程中占据寡头垄断地位。但随着互联网的出现，亚马逊、苹果、腾讯等公司削弱了出版商的掌控力，它们为创作者提供了一条更直接面对客户，也更有可能获得丰厚回报的途径。组织理论家蒂姆·奥克斯福德（Tim Oxford）指出：

　　即便大型实体零售商有资金和能力主导数字零售，它们也无法持续跟进。最近的一项深度研究表明，它们饱受保守主义和被股东左右的短视所带来的典型失败之苦——这样的失败也将在21世纪20年代和30年代对亚马逊和腾讯自身的发展造成阻碍。

　　互联网给了艺术家们手段、可能性与机会，让他们可以绕开出版商，与受众建立起更为直接的关系。J.K.罗琳（J. K. Rowling）、阿尼尔·维普拉南坦（Anil Vipulananthan）、豪尔赫·马西（Jorge Mathy）率先抓住机遇，他们利用自己的知名度，吸引粉丝来到他们的网站，通过他们的发行渠道进行购买。马西随后还开创了一个读者参与度实时系统，分析读者对他的小说，以及周边产品、游戏和由他经营的小说共享宇宙的反应。

　　至于新人作者，他们的命运喜忧参半。出版商并没有那么多资金为尚未证明自己的作者加持，而一个更加自由的市场也意味着更残酷的竞争。有的新人可以一举成名，成为百万富翁，但绝大多数人都只能铩羽而归。有人认为这是一种人们期待已久的历史回归，即作家们在白天会有一份"主业"，支持他们在晚上和周末的写作。唯一的问题是，可供选择的主业也在不断减少。

　　一个可以部分解决问题的方案是利用传统的众筹网站，如"敲门砖"。创作者可以通过它来公开他们的书籍、电影、玩具、实用程序和产品的创作或设计计划，要求有意向者提前订购。如果筹集到足够的资金，项目就会继续；如果筹款失败，资金会原路退回。通过这种方式，创作者还可以获得颇具参考意义的供需信号，这是更受集中控制的艺术计划所欠缺的。

　　但由于众筹是围绕互不相关的、有时间限制的项目展开，它并不是一个获得可靠收入的好方法。像"赞助人"（Patreon）这样可以提供持续赞助的变种众筹网站更合适，但仍缺少能够让成功的项目惠及更多新人的途径，这一义务被一些出版商视为己任。

　　来自比利时佛兰德斯的图书馆员杰萨米·伊斯特（Jessamyn East）清楚，很多成功的艺术家都意识到，他们的成就离不开更大范围的创意社群的帮助。如果有合适的机会，伊斯特认为他们会很乐意为这个社群提供经济支持。基于众筹和合作组织的理念，伊斯特创立了编织社。

　　加入编织社之初，成员便会获得一笔资助。这笔资助不会太大，但也足够他们每周有至少一天时间打磨他们的创作。他们会被分配给导师，导师将鼓励他们定期在编织社的众筹平台上发布项目。非营利组织和通过编织社取得成功的成员将为新人的项目提供匹配的资金支持，成功项目的利润将通过再投资帮助社群继续发展。编织社的发展缓慢而稳定，经过 10 年时间，它的规模与影响力已经可以与陷入泥潭的出版业分庭抗礼。

　　不过，并不是所有人都对编织社的模式感到满意。一些作者指出，预资助项目的做法让创作者必须讨好公众。著名作家梅蒂丝·惠（Metis Hui）说："你不能出售一首你还没有写出来的诗。"其他人则对艺术家们在成功后是否还会继续与社群保持联系，以及是否愿意放弃一部分利润表示怀疑。当然，也确实有不少人成功后就离开了编织社（这种做法还是引发了相当程度的公愤）。

但总的来说，编织社的成员们都认识到了一个创意社群的价值，这个社群不只可以用来追求利益的最大化，而且能够鼓励杰出创作和多样性。这样一个社群，是给成员彼此以及这个世界的礼物。

重新购买碳通过为特别特别某人

不 不 不 不 不 好 也许吧 好吧 我们走吧

差评——他的初选辩论到此为止了

这三条普普通通的信息，汇入 2022 年某一天人们发出的 12 亿多条信息洪流当中。它们和之前的电子邮件、即时消息以及推特（Twitter）一样，都是纯粹的电子信息，没有任何实际形式，也不会发出任何声音。

但如果不仔细观察这些对话的参与者，你很难发觉他们在相互交谈。他们没有在打字，甚至没有用手指操作藏在口袋里的智能手机。出生在一两个世纪之前的人们可能会用魔法来解释，但敏锐的观察者会注意到他们佩戴的特殊眼镜和项链，以及声带的颤动。这些眼镜和项链预示着人类交流领域的一场革命，这场革命至今余波未消。

我现在拿着的这副眼镜乍看上去并没有什么特别之处。它有厚厚的黑色镜框，镜片四四方方——这是 2010 年代流行的款式，放在 1960 年代也不违和。然而，仔细观察就会发现，它的镜框中镶嵌了全息波导显示器，让佩戴者可以看到模拟三维图像。眼镜腿具有一定的计算能力，还配备有一个短程无线电天线，可以连接到附近的智能手机上。

单独来看，这副眼镜的用处还是不大。我手里的这个模型甚至无法显示我所看的位置，无法运行任何像样的增强现实应用。更重要的是，它所提供的图像分辨率实在有限，无法进行任何实际工作，只能算是个廉价玩具。

我这里还有一条项链，很短，有的人大概会叫它项圈。它很轻，用一种银色的金属制成，后面有一个特别宽的搭扣。如果我戴上它，调整到合适的位置，我能感觉到它完全贴合在我的喉咙上。这才是真正的重点，因为它的嵌入式电极阵列将会通过这种方式采集我声带的神经冲动，并将它们转化成文字。我只需要在不发出声音的情况下，默默说出一句话，它立刻就会被数字化。和眼镜一样，这款项链的市场也很有限，主要针对语言障碍者和军方。

但正如里耶卡博物馆的伊沃·彼得洛维奇（Ivo Petrovic）所说，眼镜和项链的结合才是关键：

这两样东西搭配在一起，一个可以"听到"你说的话——不需要发出声音，另一个可以在屏幕上浮动显示出这些词，这就意味着可以让人们随时随地交流。无论是在吃饭时、开会时、演讲时，甚至是在考试时，他们都可以和身处全世界、任何数量的人即时沟通，而在他们身边的人却无从察觉。这是一种新的媒介，在重要性上完全可以和电报、无线电的出现相媲美，而且几乎顺带地提供了一种近乎完美的数据采集方法。

和往常一样，接受新技术的是年轻人。儿童与青少年总在为了独立和隐私与他们的监护人做斗争，尤其是在 20 世纪和 21 世纪反复出现的道德恐慌期间（当然，在人类其他已知的历史时期亦是如此）。项链只是他们的欲望在当时的最新出口，当然也是最不起眼的一种。

在第一批设备上市几个月后，几个相互竞争的信息网络便如雨后春笋般涌现，最终帝斯（Dees）和派珀（Pype）瓜分了主要市场[1]。从2022年每日的发送量为数十亿，到几年后激增到数万亿来看，人们对于默信有很大的需求。默信增强并取代了一系列老旧的界面，并通过消除意图与行动之间的距离，产生出一套简单粗暴的"意念控制"设备。在直接的大脑界面出现之前，默信是无可比拟的。

默信用户迅速发明了一系列新的词汇，来适应这种技术。由于通过项链识别声带冲动时无法捕捉正常语音的丰富变化与细微差别，因此需要增加新的词汇和重复表达来弥补分辨率的不足。当然，这种新词汇对语法的漠视，让当时的保守派评论家感到不安，但试图将默信与电话或即时通信等同起来的做法，无疑严重忽视了这种新媒介的潜力。

对默信横空出世的欣喜，很快被人们对私密性和依赖性的担忧所取代。就像书信、电话以及脸书和推奇（Twitch）这样的早期社交平台带给青少年的自由和父母的恐惧一样，眼镜和项链将朋友们联系在一起，意味着他们永远、永远不必再孤身一人。

"认知纠缠"（Cognitive Entanglement）这一术语在当时产生，用来描述当时年轻人利用默信这样一种类似心灵感应的方式，分享他们的思想和心情的状态。今天我们对这个术语的用法已经大不相同，

---

1. 由于这两个通信网络都拥有各自的商业实体，肯定无法实现互联互通，直到2023年，在电气与电子工程师协会以及一些民间组织的共同努力下，全新的"默信服务"建立了一个公共协议，才使得这项技术得以蓬勃发展。

但不难看出，这种全新的沟通模式对于习惯了使用键盘和屏幕等烦琐界面的成年人，带来了多么大的冲击。当他们看到一群本来闭口不语的青少年，在完全没有预兆的情况下突然放声大笑，或是做出一些奇怪的反应时，他们一定会感到非常不安。

当眼镜和项链变得更轻便、更隐秘时，人们许多习以为常的行为规则不得不进行重新考量，包括考试、面试以及其他所有类型的当面评价活动。印度和日本屡屡爆出利用默信作弊的丑闻，令一些机构不得不建议在他们的所在地周围建起法拉第屏蔽罩[1]，而雇主也要费心面对那些似乎对所有问题都能做出完美回答的应聘者。

默信的风靡还带来另一个意想不到的副作用，那就是以前不会被记录的对话和想法，现在都可以被永久化储存，即便这些信息不一定会被公开。除了让监控和审查的范围进一步扩大，这一副作用还加剧了企业尤其是金融公司所面对的种种问题，包括避免让任何可能违法的对话记录留存。显而易见，一些公司一度禁止了默信的使用，但这通常会导致他们的运营效率在与同行的比拼中处于下风，进而丧失竞争力。在这一时期，如果你想工作，就必须使用默信。

对我们这些历史学家来说，把默信数据当作 21 世纪初文化的低级信息档案是顺理成章的。不过实际上，默信本身代表的是人类最基本的行为——沟通——的巨大转变。

---

1. 法拉第屏蔽罩（Faraday cages），也叫法拉第笼，一个由金属或良导体形成的笼子，是主要用于演示等电位、静电屏蔽和高压带电作业原理的设备。外壳接地的法拉第笼可以有效隔绝笼体内外的电场和电磁波干扰。——译者注

智能药物
SMART DRUGS

卢旺达 | 基加利 | 2022 年

我们能改变我们的天赋吗？从古至今，我们热衷于购买那些承诺可以让我们变得更聪明、更有智慧的药水和药物，也不断为此而失望。但我们还是不停地重蹈覆辙。不费吹灰之力就能够提升自我，这是一种无法抗拒的诱惑。

然后，我们梦想成真了。

现如今，我们可能会对那些从未接触过人格重建、欲望修正和元认知图谱构建的人抱以同情。但我们很容易忘记，长期以来，改变心智的物质都只能给我们带来粗暴的解脱与变化。从酒精、咖啡因到大麻、安非他命，我们从不缺乏既能带来刺激，又能放松心灵的方法。

然而，要创造出既能让我们在智力方面有所提升，比如提高注意力或语言能力，又能够避免有害的副作用，却并不是件容易的事。直到 2020 年代，我们才发明出第一种真正有效的认知增强剂，或者说"智能药物"。作为一种史无前例的创造，它轰动一时。

多亏了基加利医学博物馆的阿里恩·尼扬舒蒂（Arienne Niyonshuti）教授的慷慨相助，我得到了一系列样本。它们都来自 2022 年上市的第一批消费级智能药物。左边的这颗橙色药片，叫作摩涅莫辛涅（Mnemosyne），可以帮助提升记忆形成和回忆的能力。

旁边这块方形的巧克力状药物是特里希提（Tricity），可以提供语言翻译方面的助力。再旁边是绿色药片努摩尼（Numony），可以帮助减轻疲劳、缓解压力。最后在最右边的这一颗，则是最知名的智能药物。它叫赛瑞汀（Ceretin），一种广谱认知提升药物。

那么，我们不妨来试一试！这里有一杯水……我准备要服用赛瑞汀。尽管我清楚现如今人们已经不应该服用这种药物，因为它会被我们的神经系带自动剔除，而这会让我们头痛欲裂。但我已经让尼扬舒蒂教授的团队停止了我神经系带的正常运转，只留下记录功能。尼扬舒蒂教授能够解释在我服用这种药物的过程中，我的大脑究竟会发生什么变化：

我们可以清楚地看到，赛瑞汀中的活性成分正在进入你的血液，穿过血脑屏障，改变你额叶皮层和小脑中突触神经递质受体的行为，从而达到暂时提升注意力和分析能力的效果。不过药物起效需要等上几分钟，所以我得稍后再给你做认知测试。

这些药物的神奇之处在于，发明者实际上对它们的运作方式不甚了解。2022年时，科学家们可以观察药物的效果，检查是否有毒副作用，对于药物的运作方式也能够提出假说，但他们至少还需要20年时间，才能够接近创建出大脑的完整模型。

赛瑞汀大概已经开始起效了，现在我要接受一些老式的测试，评估记忆能力、推理能力以及注意力。我不会详细叙述测试的无聊细节，反正就是一些指出一组记号中的下一个，还有干扰项测试之类的问题。

……测试结果出来了！和之前的测试相比，我的认知能力普遍提高了 14% ～ 20%。当然，这个结果本身并不能证明什么。我只是一个个例，而且这也不是双盲试验。但我确实感觉到自己的思维变得敏锐了。我只能想象，当它们首次问世时，人们服下一片药，整整一天都感觉自己的智力得到了提升，那会是怎样的兴奋！

赛瑞汀、努摩尼、特里希提，它们并不是最早出现在市面上的智能药物（"觉醒类"药物莫达非尼在 21 世纪初便已经上市），但它们是最早获得普及的药物，尤其是在中国、日本和新加坡。它们在《星际争霸》和 ZRG 网站上都投放了大量广告（美国和欧盟因安全问题而落在了后面）。

智能药物让学生在所有重要大学的入学考试中占据了优势，也帮助企业在所谓"生产力"上获得了不断提升。然而，这些药物高昂的成本引发了抗议，有人认为这些药物要么应该免费供应，要么就应当全面禁止，并在所有考试前安排药物测试。作为回应，日本的 NSK 集团公司为其 3 万名员工免费提供了摩涅莫辛涅。

当然，从亚洲国家非法进口智能药物，然后在欧美国家内部高价流通，同样成为棘手的问题。这在美国这样贫富差距严重的国家造成了进一步的紧张，智能药物成了富人有权购买成功的又一象征。2026 年，亚历山大总统正面解决了这个问题，他不仅将智能药物合法化，还将娱乐性药物一并合法，并宣布 5 年后美国本土便可制造生产廉价的仿制智能药物。

智能药物也有其弊端，尽管当时人们并未察觉，但后来研究人员发现，任何一种特定的一代或二代智能药物，往往是以长期牺牲其他认知功能为代价的，如创造力、长期记忆的形成以及同理心。这些药物也加剧了当时已经极具破坏性的"加速"文化，让处在崩溃边缘的工人们承受进一步的压力。

现在该把我的系带功能恢复了，这意味着赛瑞汀将在几秒钟内被剔除出我的大脑。当这一过程发生时，不妨回想一下智能药物是如何为我们的系带铺平道路的。这类药物无论多么粗糙，都足以让人心驰神往。第一代智能药物出现不久，研究人员就开始测试如何将增强神经可塑性的药物与便携式经颅磁刺激相结合，从而真正提升人的心智能力甚至是个性。不过这一切，都是从这四颗药片开始的。

科技十二美德

THE TWELVE TECHNOLOGICAL VIRTUES

在"加速"时代的尾声，也就是 2010 年代末到 2020 年代初，规模化高于一切，互联网被僵化的大科技公司挤占。显然，在旧金山这个诸多文化变革的中心，下一场风暴正在酝酿。

一种奇怪的做法开始在这个城市的程序员、设计师和企业家们中间蔓延。在他们盘算利用电脑赚钱的新点子，或是给旧酒换新瓶时，他们要先进行一系列仪式，其中一些到今天仍在持续：在 SWOT（优势、劣势、机会、威胁）分析报告上画十字架，虔诚地把"便利贴"产品放在商业模型展板上，通过一点点数据和少许希望，臆想财务模型。除此之外，他们还增加了一个仪式，那就是让新点子接受"科技十二美德"的试炼。

这项试炼源自法国哲学家香农·瓦洛尔（Shannon Vallor）2016 年的作品。瓦洛尔认为，在一个无法预知、文明受到威胁的技术变革时代，促进人类繁荣的唯一方式就是培育她所认为的十二种全新美德，即诚实、自控、谦逊、正义、勇气、同情、关怀、公民精神、灵活、客观、大度和智慧。每一种都源自更加古老的亚里士多德、儒家以及佛教伦理传统。这并非只是风险预警原则的另一种形式，相反，瓦洛尔希望在去思想化的技术乌托邦主义和保守的技术悲观主义中间寻求平衡。

由于硅谷对人文精神的怀疑，瓦洛尔的作品多年来被束之高阁。直到那些创造了能够征服世界的软件工程师开始对"指南"中肤浅的社群主义和"善用时间"运动中提供的零敲碎打的解决方案感到失望后，这本书才重新被人们想起。没错，瓦洛尔的十二美德要求很多，但它承诺了更多。

瓦洛尔的一个追随者在旧金山发起了"科技十二美德"仪式，这是一种"伦理预检"，包括在开始一项有风险的新事业前，需要考虑的问题清单，要求人们用十二美德来衡量自己的想法。

很简单。实际上，这太简单了。一份普通的调查问卷不会具有针对性和互动性，无法充分审视这些思维天马行空的硅谷创业者的想法，而当时那些可笑的原始聊天机器人肯定也无法取代人类对话者。但知识渊博的人类价格昂贵，更糟糕的是，他们不值得信任。很少会有创业者愿意与潜在的竞争对手讨论他们的机密想法。

那么如果有办法把你的想法自动转变成另一个想法，并保留原本想法所有的基本道德属性呢？这样一来，你就可以在儿童玩游戏时分享对其心理侧写的疑虑，并确信想法的细节将被保密。这就是这个仪式背后的秘密，一个实时模拟重映射系统，与谷歌几年前开创的多维转译算法并无二致。

这些技术都没有直接展示出来。进行仪式时，你只需要打开一个应用程序，匿名与另一个人相连，他会提出一系列关于美德的探究性伦理问题。当你开口时，你的秘密和忏悔会瞬间转化为类比的内容，变得无害。"在虚拟现实中培训护士"可能会变成"利用视频会议指导治疗师"。重映射的过程是在本地而非云端进行，安全性可以得到保证。这项服务是免费的，只要求你继续以这样的方式帮助别人。

至于那些提问，设计之初就是为了让人感到不安。又一个量化自我类的软件会在"客观"这一美德的角度遭到挑战：用户如果执着于追踪自己的卡路里和睡眠模式，是否会失去审视自己整体性格的时间和能力？而如果有工程师提出用"护理机器人"取代人类护理者，就会被问及它所带来的好处，是否被我们会因此丧失"关怀"的美德而抵消——"关怀"的核心在于我们可以回应和满足他人的需求，而它只能通过我们反复地、密切地接触彼此的关心、依赖、脆弱和感激来培养。

这些仪式常常没能撼动人们的想法。人是很顽固的，到今天依然如此。但这十二美德的真诚足以震撼人心，它让一些人从僵化中醒悟，迫使他们思考自己的价值，意识到他们可以选择利用技术帮助人类更好地面对未来，或是造成阻碍。而只有他们能够真实地讲出自己的困境，再转化成其他例子，这样的对话才能保有真正的力量。

尽管十二美德在硅谷以外难以为继，更不用说整个美国（这些美德并不像作者以为的那么具有普遍性），但我们可以通过 2030 年代及以后进行的匿名访谈得知，十二美德真正改变了那些后来极具影响力的设计师、工程师和企业家的思想，其中就包括大发明家卡莉·贾扬提（Kalli Jayanth）。

实时模拟重映射系统作为一个技术成就在当时悄然走红，但我们至今仍不知晓是谁投资开发了它。有人提出制造它的是诡计多端的人工智能娜拉达（Narada）的祖先，那时它就开始引领人类，当然这是个半开玩笑的说法。另一些人则认为此事与身家过亿的斯奇麦迪克（Schematic）创始人詹姆斯·梅特兰（James Maitland）有关，他是在为自己公司过去的恶行赎罪，尽管他从未公开承认。无论动机如何，"十二美德"都帮助人们重建了古老的美德传统，并使之重新适用于 21 世纪。

虚拟现实密室审讯
LOCKED SIMULATION INTERROGATION

不要试图摘下护目镜，任何尝试都会被记录在案并受到惩罚。不要试图摘下手套，任何尝试都会被记录在案并受到惩罚。不要试图摘下头盔，任何尝试都会被记录在案并受到惩罚。10 秒后场景 288 准备就绪……5，4，3，2，1。

被锁在一个可怕的虚拟现实密室当中，很容易被列为 21 世纪人类发明出来的最可怕的噩梦之一。时至今日，我们已经有明确的法律对虚拟现实密室的使用进行限定。这些标准嵌入硬件设备里，以最高标准执行。除了用于治疗，虚拟现实密室很少有合法的用途。但不幸的是，它的非法用途数不胜数，审讯是其中最重要的一个。

根据美国联邦调查局的记录，虚拟现实密室首次用于审讯可以追溯到 2022 年。当时北卡罗来纳州发生了一系列恐怖袭击。当爆炸案第五次发生后，警方逮捕了一名犯罪嫌疑人，他被认为是爆炸案的帮凶。该名犯罪嫌疑人对于当时合法的审讯手段毫无反应，而在 2021 年，美国国会已经立法禁止在审讯中使用包括水刑在内的物理手段。迫于无奈，联邦调查局决定启用一种当时尚在实验阶段的全新技术。

犯罪嫌疑人被强制佩戴上一套经过改装的"复眼"（Oculus）虚拟现实护目镜和手套，同时还装上了一个电击前庭刺激器，通过外力改变他的平衡感。这套设备由联邦调查局的计算云操控，可以提供一个具有高度沉浸效果的虚拟现实环境。

到目前为止，这一切还没什么特别，任何一个有钱人都能够买得起这套设备。

然而接下来，联邦调查局为犯罪嫌疑人安装了便携式大脑扫描仪，以便密切监视犯罪嫌疑人对于模拟出来的他与爆炸案凶手会面的场景的反应。对任何一句话或一张面孔的高度情绪化波动，都会使下一次模拟的迭代集中在这些特定元素上，并围绕它们来构建场景，从而使"真相"的范围迅速缩小。拒绝做出反应则会招致恐惧诱导模拟场景的惩罚，而这种惩罚性模拟本身也会随着犯罪嫌疑人的反应而变化。

经过 572 次平均每次 8 分钟的虚拟现实审讯之后，联邦调查局锁定了 3 名爆炸案凶手可能的定位与身份。利用这些信息，警方追踪了这些犯罪嫌疑人，发现了该组织的更多成员，赶在他们计划于北卡罗来纳州夏洛特市进行第六次爆炸之前，将他们全部抓获。成功结案后，联邦调查局在备受瞩目的新闻发布会上，把拯救了数千人生命的头功记在了这项"非侵入式的、零接触的"全新审讯技术上。政治分析专家凯蒂·克拉克（Katy Clarke）描述了之后的连锁反应：

将一次重大公共安全威胁的扫清归功于一套看似神奇、非侵入式的审讯设备？自然而然，在那之后，世界各地的安全部门都获得了使用这种自适应式的虚拟现实审讯技术的特许权。当然，这项技术并没有看上去那么可靠。事实证明，北卡罗来纳州案件的顺利解决更像是一次侥幸的意外，仅此而已。这种自适应式虚拟现实审讯最终提供的往往只是一些无意义的信息。

尽管如此，在接下来的 15 年中，虚拟现实审讯成为执法机构工具箱里的标准配置。起初，它只会被用在重大恐怖袭击案件的嫌疑人身上，逐渐地，很多常规和轻微刑事案件中也出现了它的身影。成功的案例被公之于众，失败案例则被就地掩埋，近乎完美的公众形象由此建立。

但在这 15 年里，由于自适应式虚拟现实审讯而造成的严重、永久性心理损伤也开始浮出水面。即便意愿再好，安全部门也无法阻止清白的嫌疑人因虚拟现实审讯而留下心理阴影。一连多日被囚禁在虚拟现实密室，常对嫌疑人造成严重的精神伤害。很多嫌疑人会因为自适应式虚拟现实技术所模拟出的场景，对生活中类似场景和相关人物产生持续终生的厌恶。他们的人际关系和家庭也因此分崩离析。

最终，自适应式虚拟现实审讯技术呈现出三大缺陷。首先，当时粗糙的大脑扫描技术经常对受试者的情绪反应做出过度解读，令不相干的人物或场景在迭代过程中被集中强调。其次，正如摩萨德（Mossad）多次证明的那样，训练有素的受试者——恐怖分子可以通过构建一个无懈可击的想象世界来瞒天过海，从而经受住数百次的虚拟现实审讯。最后，这种审讯必须在输入的场景和人物数据足够有效的情况下才能指明真相，但在当时反恐和打击犯罪的事业中，调查方经常会被个人和政治偏见误导。

在 2033 年美国最高法院审理的"约克森诉美国"一案之后，自适应式虚拟现实审讯技术被裁定为非法，因为它侵犯了个人隐私。此外最高法院还认为这项技术违反了第八修正案中反对在审讯过程中使用"残忍和异乎寻常的惩罚手段"这一规定，这一点引起不少争议。这个案件具有里程碑式的意义，它最终导致了司法部门对执法部门使用大脑扫描技术进行了裁定——但这并不是最后一次。

灾难救生包

DISASTER KITS

伊朗 | 德黑兰 | 2023 年

2023 年，阿拉斯加发生 8.2 级地震；一周后，超强台风"梅拉"席卷菲律宾；同年，多瑙河流域发生严重洪灾；还是这一年，大吉岭发生山体滑坡，190 人遇难——在这颗星球上，自然灾害是主宰我们生死的一种方式，而由我们主导的气候变化又进一步增强了这种主宰方式的威力。即使在今天，我们也无法阻止自然灾害的发生，而且直到最近，我们才掌握了准确预测其发生的方法。不过，我们总可以时刻做好准备。

在 21 世纪初，日本及加利福尼亚等灾害多发国家和地区会定期举行灾害演习，并倡导公民准备灾害救生包。但这种应对方式的前提是人们有足够的时间、金钱和意愿准备一个包含食物、水、药品和工具的救生包。但事实一再证明，普通人并不具备这样的条件。

到 2022 年，人们认定要求公民自行准备救生包是极度不公平的"解决方案"，因为这一方案并没有考虑到准备救生包所需要的人工及经济成本。因此，联合国开始建议各国向公民免费发放救生包，同时向贫困国家提供专项补贴。

最先采用这一做法的是伊朗、土耳其等地震多发国家，环太平洋火山带周边的国家，再加上中国黄河、长江等洪水多发流域，以及美国的圣路易斯安那州和佛罗里达州——气候混乱加剧了该地自然灾害

给 91 件未来事物写历史

的影响程度。

伊朗国家博物馆馆长友好地借给我一套保存完好的 2023 年灾难救生包。这个救生包是一个长 30 厘米、宽 20 厘米的塑料箱，箱子的五个面覆盖有太阳能电池板，可以不间断为嵌入箱内的模块化无线电收发机提供能源，即便被深埋在数米深的瓦砾或泥土之下也可以被定位。第六个面安装了一面抗碎裂镜子，用于传递信号。箱内的物品包括高能量食物棒、多功能刀具、急救箱、水、手套、哨子、手电筒、反光毯等——这些东西对一个多世纪前的人们来说再熟悉不过了。

不过其中也有一些新颖的设计，不仅包括净水吸管，以及能够给可穿戴设备和手机充电的大容量电池等工具，还包括一些可以更好分配稀缺资源的新方法。

以急救箱为例。急救箱里有常规医疗用品，如青霉素、止痛药、绷带等。然而在灾难期间，家庭或是个人可能需要用到许多其他药品和药物，不可能全数装进一个急救箱里。如何解决呢？在制作的数百万个灾难救生包里，联合国随机分发了各种各样的抗病毒药、抗生素、止痛药和电解质。当然，单靠这样的随机安排并不能解决问题，指望恰好遇到携带着你需要的药品的人也并不是什么明智之举。

这时候，无线电收发器就可以派上用场了。它有两个作用：一是作为大规模的应急收发器；二是作为网状的网络路由器。箱子的背袋中嵌有天线，可以让人们与 500 米内的其他设备进行通信。它的带宽很有限——只有 20mbps，但它可以在受灾地区基础设施恢复工作之前暂时维持基本的数据网络。只要打开救生包，收发器就会被激活，自动向当地网络上传其位置及所携带的药品内容，这样人们就可以找到彼此，分享药品了。

在 2023 年伊朗阿尔达比勒地震发生后，救生包帮助幸存者很快地找到了彼此，并协助人们在数小时内重新建立起可用的数据网络，挽救了数千人的生命及大量资源。这一结果并没有被忽视。在接下来的一年里，其他国家也订购或自行生产了数千万套灾难救生包。

关注到这些的不止有国家层面，社会活动家也迫切需要一种不依赖中央控制下基础设施的安全通信模式。尽管 21 世纪初经常被描述为一个富足的时代——富足的油气资源、有利的人口结构以及相对原始的自然环境，但实际上，大多数人生活极不稳定，收入难以保障，对个人的未来几乎无法掌控。即便是在富裕国家，尤其是西欧和美国最富有的人群，也时常被恐惧和不幸笼罩——他们的信念被媒体遮蔽，而媒体告诉他们的事情只会让他们感觉更糟。

然而最不幸的仍是那些生活捉襟见肘的人。无论是接受了 15 年全日制教育仍就业无望的学生，还是那些人到中年却仍然只能从事低薪临时工作的人，他们都对民主政治深感失望。每 4 年或者 5 年一次的选举，竞逐权力的总是那一小撮职业政客，他们对自己的政党及其利益集团唯命是从，这似乎对"代议制"民主概念本身提出了质疑。

这种不满往往以罢工、临时集会或抗议的形式爆发，这些活动经常被当权政府斥为非法，毕竟政府是由人民自己投票选出来的，它的合法性无可撼动！因此，即便抗议活动不断爆发，政府也会宣布其非法。于是即便反对活动不断持续，社会大众始终对其合法性抱有怀疑。

随着时间的推移，抗议活动的规模不断扩大，持续时间也越来越长，城市诸多主要区域被占领，比如马德里的太阳门广场。尽管抗议者足够机智，自带了食物和其他补给，但由于当局切断了固定通信网络，同时对无线及卫星传输进行干扰，抗议者很快陷入孤立状态。对需要稳定信息流和支持的社会运动来说，沉默是致命的。

但救生包却派上了用场。通过修改网状网络的固件，抗议者得以对自己的数据进行加密传输。与此同时，通过精打细算地使用太阳能电池板，抗议者可将信息传输活动持续数周以上，从而保证自己的"生存"。尽管网络基础设施经常受到攻击——如 2025 年大游行期间，利用救生包基带处理器缺陷而产生的蠕虫病毒"平克顿"(Pinkerton) 造成了严重破坏——但抗议者通常会设法使用 USB 发布补丁。

救生包只是激进主义运动故事的一小部分，但它发挥了很好的作用。作为只是为了在自然灾害期间缓解人们身体上的痛苦而被发明出来的工具，通过改良，它也具有了缓解人类灵魂痛苦的功能。

通用快递送货机器人
UCS DELIVERBOT

中国 | 武汉 | 2023 年

2023 年 5 月的一个早晨，凯伦·柯林斯花了一小时，把自家园子里的蔬菜分拣到 6 个塑料容器中。接近完成的时候，她给当地市场发了消息，市场派出一个"通用快递专员"前往她家。半小时后，凯伦把装好的菜箱交给"专员"，自己到公园里慢跑去了。

在整个过程中，凯伦是唯一参与的人类。当地市场是线上运营的，完全自动化，而"通用快递专员"则是一个无人操纵的"送货机器人"——这是 21 世纪最不起眼，但最具颠覆性的技术之一。

我现在在中国武汉交通博物馆，馆长贾天熙热情地向我展示了一辆通用快递车。它很精巧，体积大约 1 立方米，由轻质碳纤维制成，有四个小轮子，顶部有一个滑动门。通用快递公司选择了黄色作为公司的代表色，据说是为了吸引注意，确保路上的人类司机都能注意到它。

只要我走到车前，它就能自动识别我佩戴的眼镜，同时发出一个授权码，以确认我就是它要找的人。好的，现在我拥有了滑动开启车顶的权限，可以把我打算寄出的包裹放进车里。有些快递车设计有单独的隔层，能够单独锁定，方便用户根据具体情况进行安排，不过这一辆就只有一个大货箱。当然，在我把任何东西放进去之前，我还要揭下来一张追踪贴纸，贴在包裹上，这样我就能随时掌握物流信息了。

在包裹得到安全确认之后，送货机器人就上路了，它将利用激光测距仪、卫星定位和摄像机的组合作为导航，以最高时速 80 公里的速度抵达目的地。回想 2023 年，当时每天有数百万人在使用送货机器人，它可能会在沿途继续取货，或是在到达目标地址之前停下来，给电池充电。它会根据具体的交通状况、拥堵费、资费标准、客户位置、电费等因素来规划路线。

由于它这次的清单上只有我们两个人，因此我可以看到它正直线向馆长的方向移动，他正在博物馆对面等着。你可能看不出这样一个简单的机器人会有多大的影响力（毕竟它什么都不会做，也不能跟人们交谈），但实际上，在送货机器人出现之前，人类想要把东西从 A 地运送到 B 地，是一件非常昂贵且烦琐的事情。

这个小小的交通工具对整个行业造成了颠覆性的影响。数以百万计的工作岗位被创造出来，同时数以千万计的就业机会被摧毁。它是怎样做到的呢？馆长说：

回溯 2010 年代的报道，人们最热衷讨论的无疑是无人驾驶汽车。然而，想要让它们真正在公共道路上行驶，有关安全和保险法规都需要经过旷日持久的讨论。但是送货机器人却为此铺平了道路。反对它们的抗议者比无人驾驶汽车要少很多，而且，简单来说，它们也不大会对人类造成伤害或是惊吓。

2020 年，荣凯文（Kevin Wing）在多伦多成立通用快递公司时，他的公司无法与联邦快递、DHL 快递、美国联合快递匹敌，因为它根本不具备基础设施。相反，它专注于两类市场：欢迎通用快递入驻的州，如加利福尼亚和内华达这些服务力不足的地区，以及人口密度大、业务量大的城市，如纽约和新加坡。

建造充电车库及生产无人快递车的高成本，几乎让通用快递公司在一开始就陷入瘫痪。但多个极力减少工资和养老金支出的城市政府及时与通用快递公司达成一系列合作协议，令它起死回生。通过成功完成这些合作，通用快递得到了更多业务。不久，来自北美和欧洲各地的订单不断涌来，人们对这些黄色的小车表现出明显的好感。

但这种交通工具只是整个革新的一小部分。通用快递不仅实现了货物的交付，还带来了供应环节的去中介化。在送货机器人出现之前，大多数生产商都需要面对将货物送到客户手中而产生的高昂成本。他们不得不与分销商、实体店铺、超市、仓库等中间商合作，而它们都需要收取费用，从而导致商品价格上升。

通用快递改变了这个世界，它为生产者提供了一条直接通往消费者家门口的道路，而且成本比以往更低。人们设计出了各种新奇的应用。在纽约，草根快餐店每天晚上向全城发送新鲜出炉的晚餐（在这个过程中，"食物沙漠"得到了有效"治理"）。在伦敦，你可以免费雇用送货机器人，把家里多余的易腐食物和衣物送到慈善机构。在赫尔辛基，人们经常利用送货机器人相互借用家用电器、电动工具、厨房用具、手提箱和园艺设备，从而避免了它们一连闲置几个月甚至几年。在柏林，恋人之间通过送货机器人相互寄赠鲜花之类保质期较短的礼品。而在世界各地，生产规模较小的农户可以直接把农产品送到客户家中。

由于送货机器人可以每天24小时、一连7天不间断地工作，它们的服务价格是波动的。一些聪明的商家会利用非高峰期的低价，免费派发样品，以争取新客户。当一双恰好合脚的鞋子直接送到你家门口时，你很难不想试试看。

当股价飙升的通用快递收购了联邦快递之后，它也接管了后者的仓库和分拣中心网络，从而可以在全球范围内以低廉的价格运送货物。通用快递还与沃尔玛以及其他巨型零售连锁店展开了正面交锋。就像上个时代的电话和互联网已经沦为"哑管道"一样，零售商现在已经变成了"哑仓库"，随时可以被摧毁。

这些进步让无数人付出了代价：在 2020 年代和 2030 年代，数百万物流运输行业工作者因通用快递及其同类公司的出现而丢了饭碗。尽管送货机器人不如快递员那么全面，但它们的成本低得多，而且迅速抹除了人力运输及零售业务中最赚钱的部分。现在回过头来看，工作岗位的流失导致的社会动荡和日益严重的不平等现象，显然是随后在全球蔓延的"基本最低收入"运动爆发的主要因素。

在一段时间内，通用快递是世界的宠儿，它的无人快递车体系也推陈出新，研发了"银色猎犬"（Silver Retriever）——一种可以配备在更大的快递车上的"包裹机器人"，有 6 条腿，可以装载货物在凹凸不平的地面上移动，或是上楼梯。还有"鹳鸟"（Storks），专门运送紧急货物。

然而只过了不到 20 年，通用快递便日落西山了。送货机器人的制造商开始使用开放交付协议，将无人快递车直接租给客户，后来干脆连机器人设计的源代码也免费开放。如同通用快递使运输去中介化，开放标准使通用快递"被去中介化"。

谈话经纪人
THE CONVERSATION BROKERS

我只要出门，就会被人放到网上直播。我每走进一家商店，都会被人点"差评"。我在家里，各种邮件就蜂拥而至。现在你要告诉我，我连在餐厅里跟人私下聊天都不行？难道我们不再有隐私了吗？我们这个国家一定要这样吗？

孟加拉国法律部部长拉吉布·艾哈迈德（Dr.Rajib Ahmed）博士在接受采访时这样说道。前一年，这位部长被指控以通过有利立法为条件，向达卡一家公司高管索贿。

这件事本身在孟加拉国或是世界各地都算不得稀奇，实际上，直到今天，腐败问题依旧存在。但不同寻常的是，这一案件的证据并非来自邮件举报、检方取证或是举报人提供，而是通过谈话经纪人出售的阵列录音项链。

2023 年，项链已经成为可穿戴计算机的重要组成部分，这主要得益于默信的兴起。第一款项链配备了基本的麦克风，仅用于收集用户的声音和默念信息，但后来的型号很快配备了更加先进的阵列麦克风，可以记录和定位三维空间内多个参与者的对话。"漫长当下"基金会（Long Now Foundation）的社会历史学家安德烈·加洛韦（Andrea Galloway）解释了这一设备升级所带来的意外效果：

如果你向人们提供一种可以监听几十米以外的谈话，并且可以持续记录的技术……那么，各种尴尬和机密的对话就会浮出水面，这有什么好奇怪的呢？最初的谈话录音据说是无意中捕获的，但没过多久，这种技术的破坏性就完全显露了。

艾哈迈德博士是最早中招的人之一。在达卡一家高档餐厅的角落，一位女士偶然注意到艾哈迈德起身离开，她并不喜欢这位部长。回家之后，她打算尝试一下，将他的谈话从自己的项链阵列录音缓存中提取出来。当她发现自己能够办到时，她便把提取出来的录音上传到了泄密网站"多箱宝"（Dropbox），并从谈话经纪人那里得到了几千美元报酬。第二天，艾哈迈德便被要求接受调查。他完全想象不到，在一家高档餐厅的私下谈话，竟然有被录音的风险。

勤勉的黑客们兴奋于项链在刺探机密方面的潜力，着手提升其性能。通过重新加工原本为追踪昆虫而设计的声学软件，他们设法将项链与精确到厘米的定位系统联网，创建出虚拟的分布式麦克风阵列。无论是分散在会议室各处的几个人的谈话，还是一场热闹的聚会，项链都可以记录并分离出每个人的发言，识别出每一个发言者，即便参与谈话的有几百个人。

这种程度的监听，对那些注意个人隐私的人来说，无异于一场噩梦。而在情况改善之前，这场噩梦变得愈加可怖。加洛韦解释说：

对大多数人来说，项链捕获的谈话对他们或是他们的圈子都没什么意义。但一些创业者深知一个推论：任何谈话都会对某个人有价值。他们化身"谈话经纪人"，创造出一个庞大的市场，源源不断地供应谈话录音甚至是直播。无良记者买下机密聊天或是电话录音；网络博主买下名人说的每一句话；企业间谍公司买下重要高管的私人谈话。谈话经纪人网站已经发布，立马有数十万用户注册。他们对于碰巧录到重要谈话，进而收获不菲佣金的前景充满期待。

由于在大多数国家，在未经允许的情况下偷录谈话都属于违法行为，因此规模最大的谈话经纪人网站很快就被关闭了。但它们还继续在地下活动——毕竟技术过于强大，回报又太高。谈话经纪人盯上了一些半合法的活动，尤其是执法机构和律师的取证。他们最喜欢的策略就是通过抓住陪审团成员不小心在公开场合谈论审判的证据，来让审判无效。

很多人试图保护自己。其中一种策略是"防御性录音"，即循环播放包含自己数字签名的音频，从而将自己的谈话标记为私人音频。这样即便谈话被偷录上传，法院也有权命令责任人删除。这种做法起到了一定的效果，但无法阻止被复制或被篡改的音频被发布。另一种防御手段是对未经授权的录音本身进行取证，溯源到项链佩戴者。这种做法一度效果不错，但虚拟重定位软件的发布却让它不再有用武之地。

一个更极端的方法是干脆不再开口讲话。根据理论，项链阵列录音至少需要20年时间才能捕捉默信。因此，安全意识较强的人们开始在讨论任何涉及隐私的事情时，都使用默信。据当时的人们描述，他们经常走进繁忙的会议大厅或是人头攒动的餐厅，却听不到任何人开口说话，令人非常不安。值得庆幸的是，那样的场景今天已经不太会出现了，尽管一度有可怕的传言，说人们因为"默信使用过度"导致语言能力完全丧失。

在被定罪 40 年后[1]，拉吉布·艾哈迈德在印度曾这样评价项链：

我听有人说，这意味着隐私已死。哈！在我还是个孩子的时候，当闭路电视、谷歌和无人机出现时，人们也是这么说的。不过，可以监听任何你想监听的人，嗯，这种技术真的非常强大！我不只是说你可以监听那些有钱人，或者是像我这样的政客的谈话。你还可以听你的邻居、朋友、敌人，或者你的父母。是的，这肯定会导致非常严重的争执，私下说话也得小心翼翼。但这未尝不是好事。后来每个人都学会了，有时候我们只能言不由衷，有时候我们难免犯错，只要能弥补就善莫大焉。这个技术好就好在，它让大家都谦逊了很多。

在刑满出狱后，艾哈迈德成了一位激进的反腐活动家。然而，他坚持认为，项链阵列麦克风和谈话经纪人最大的意义不在于能够让像他这样的罪犯被绳之以法，而是教会了我们要对他人的虚伪、软弱和过错采取更加开明的态度。当一切都被记录、一切都会被记住的时候，你必须对他人和自己更加宽容，必须做个好人。

---

1. 艾哈迈德被定罪最终是基于录音之外的证据，因为未经允许的录音无法在法庭上被采纳为正式证据。

中央绿地 46 号
46 CENTRAL GREEN

智利 | 圣地亚哥 | 2024 年

现如今，如果你问别人什么是 "artificial person"[1]，他们大概率会瞪你一眼。回到 100 年前，他们可能会回答是机器人、计算机或是神经网络。但如果你问当时的律师或经济学家，他们会给你一个完全不同的答案：公司。

公司的核心是人或组织的联合体。他们各自提供一些资本，以期实现某个目标，通常情况下是"赚更多钱"。几个世纪以前，公司被理解成"法人"，即一个具有独特功能，同时受到特别限制的概念，能够独立于其创始者而存在。

最早的公司，如荷兰东印度公司、英国东印度公司，往往是为了某些高风险、高成本的艰难事业成立。相应地，这些公司规模庞大，在理想状态下寿命极长。但随着时间的推移，公司开始在一些规模较小、所需时间较短的事业上发挥作用，到 1856 年，英国的个体公民已经可以自由成立有限责任公司。

我们这一节的"事物"，是一个组织的成立文件。这个组织曾经看起来毫无意义——它是一家公司，持续时间不到几十年、几年，甚至都不到几个月，只有两个星期。它的名字是"中央绿地 46 号"。

---

1. 法人，字面意思是"人造人"。——译者注

044　　　　　　　　　　　　　　　给 91 件未来事物写历史

中央绿地 46 号并不是一家空壳公司或是控股公司，也不是一个为了方便资产或权力周转而虚构的法律拟制主体。它是一家真实的公司，拥有来自科尔多瓦、圣地亚哥和马德里的员工。和其他"真正的"公司一样，它生产真实的产品，进行销售、赢利，然后自行解散。只是它进行这一切的速度比正常情况下快了许多。

科尔多瓦国立大学的社会历史学家埃内斯托·莫拉莱斯（Ernesto Morales）解释道：

21 世纪初，长期的、系统性的失业不断发生。英国、爱尔兰、澳大利亚、新加坡和美国一些州试图通过一系列企业优惠政策刺激就业增长，包括缩短新公司成立的时间，任何人只需要几分钟便可以成立一家公司，不再需要像之前那样花上几天时间，填写各种表格来走流程，而且整个过程几乎没有任何费用。再加上现成的法律架构、智能合同、投票系统和完全线上化的银行业务流程，每个人都能够轻松创建、运营一家公司，不需要组织实体会议，也免去了递交文件的奔波之苦。

但这种加速并没有达到减少失业的预期效果，因为失业问题从未从根本上得到妥善解决，但它的确为即时公司打开了大门。这些公司可以利用新的机会，将产品和服务推向市场，其速度远比已有的大型公司快得多。

人们或许会认为，大型公司——拥有数千名员工和数十亿流动资金——更适合承担开发新产品的风险。只需要调取一小部分资本，它们就能开发出全新的水培装置，或是设计出更高效的船只。它们的规模优势——更不用说它们与供应商、监管机构和客户已经建立起的关系——足以轻松摧毁任何新兴的公司。

但这里存在两个问题。第一个来自克莱顿·克里斯坦森（Clayton Christensen）《创新者的窘境》（*The Innovator's Dilemma*）中的经典问题，即现有公司一心只想提高销售额和短期产品，无意开发有风险但具有创新精神的新产品。第二个是规模运营的优势在消失。尽管资本密集型产业仍然存在，如太空旅行或地质工程，但越来越多的经济领域只需要较少的资本投入。

当每条街上都有一台 3D 打印机，每个人都拥有一副功能强大的智能眼镜，千兆网络实现了免费全覆盖，送货服务可以通过通用—联邦快递以及开箱即用服务公司实现之时，大公司的所谓优势其实已经微乎其微了。相反，它们的劣势越发凸显——群体思维、对破坏现有模式的厌恶、"非我发明"综合征[1]，以及回报不够导致的大多数员工动力不足。

中央绿地 46 号的联合创始人费尔南多·洛佩兹（Fernando Lopez）和迈克尔·马伦（Michael Mullen）相识于圣地亚哥一家画廊的开幕式上。他们发现了彼此对个性化雕塑的共同兴趣，于是利用项目间隙的空闲时间，在几个小时内，构思出一款软件的初步想法，利用程序为个人定制凯尔特风格的椅子、书桌和梳妆台。他们聘请了一位人力资源专家，这位专家根据他们的要求组建了一个团队，并迅速完成公司注册。

这支由学生、艺术家和一名前律师组成的"杂牌军"，成为中央绿地 46 号的员工。在法律架构、投票制度和薪酬方案方面，他们决

---

1. "非我发明"综合征（"not-invented-here" syndrome, NIH syndrome）指人们会不自觉地抨击其他人的观点或发明，进而维护自己。这一现象亦被称为"牙刷理论"（toothbrush theory），意思是每个人都需要牙刷，但没有人想要用别人的牙刷。——译者注

定采用北波特兰模式。在这种模式下，员工依据他们付出的时间和精力比例，乘以技能（基于声誉指标和成就记录）和资本投入系数，再加上对他们成果的评估来获得报酬。这些协议一经通过，编程、文案、设计和营销等实际工作便开始了，通过窗口会议和虚拟现实共享环境紧锣密鼓地进行。

两周以后，一切都完成了。他们的家具卖得很好，同时他们接受了一家公司的报价，设计和软件都被买断，折合成版税收入。这个过程比预想中要快一些，随着项目完成，公司自行解散，团队成员各奔东西。在他们看来，既然已经没有工作上的理由，那么再把大家绑在一起也毫无意义。不过，很多人会在日后的项目里再续前缘。

在其他人看来，这似乎是一种金钱至上的奇怪行为，缺乏以往公司所具有的稳定性和团队性。但实际上，旧日的公司早已僵死，大多数已经沦为蹒跚前行的"人造人"。对工作者来说，在即时公司之间穿梭，意味着一种压力大、风险高的生活方式，尤其是在最低收入保障和更广泛的合作组织出现之前。但这种模式较之自由职业更加公平，它更快捷、更有力，散发着未来的气息。

模仿脚本
MIMIC SCRIPTS

在我们觊觎的所有东西——权力、金钱、有形资产等——中，有一样东西至今我们仍难以把握，那就是注意力。作为一种有限的"资源"，注意力只能被小心利用，而且无法人为增加 [1]。

人类的注意力如此有限，而在 21 世纪初，人类还不得不为初级的自动化工作和社交信号"支付"注意力，这无疑更加令人痛心了。设想一下，他们每年要在乏味的会议中浪费无数个小时，或是坐在办公桌前假装工作，无暇顾及更有趣的事情。今天人们或许会感到费解，在 20 世纪和 21 世纪初那样等级森严的公司结构中，人类究竟是怎么存活下来的。

到 2020 年代，很多会议已经可以通过线上视频来进行了。诚然，人们在这样的会议中仍需保持专注，但这时专注的状态已经可以通过伪装来实现。实时视频转换技术逐渐被大众掌握，而专家系统熟练度的提升，加上数据库的庞大规模，带来了有史以来最为强大的注意力节省装置——模仿脚本。

来自伦敦大学学院的人工智能历史学家利奥·坎德尔（Leo Kandel）解释了模仿脚本的工作原理：

---

1. 除非借助极端的干预技术。

想象一下，你坐在家里，跟其他十几个人一起参加视频会议。除了要在会议结束前回答几个问题，你不需要做任何重要发言，而你也不想光是盯着屏幕，白白浪费一小时时间，因为你还有其他要紧事，不管是工作还是娱乐。于是，你打开了你的个人模仿脚本。

模仿器能够模拟你的身体和面部形象，并根据会议情景做出反应，比如当大家都在点头时，"你"也会跟着点头。在这个过程里，真正的你就可以去做一些真正的事情了，比如做一个三明治、照看孩子、打游戏，诸如此类。而如果你真的被叫到发言，模拟器也会向你发出提醒，同时用"这真是个好问题"之类的托词为你争取时间。

听上去并不复杂，事实也确实如此。早期的模仿器不过是模式匹配器加上真实的手写脚本和 3D 引擎，但已经足够实用，一年内就有几十万人使用。随后立夫里奇和苹果等公司投资开发了能够进行简单对话的模仿器，首先可以进行文本和音频对话，随后是视频对话。

在很多人——尤其是那些来自高度结构化的社会和组织的人——看来，使用模仿脚本是一种懒惰的行为，而且极其不守规矩。时常有员工因为这样的"偷懒"行为被开除，尽管从技术角度上看，他们并没有耽误工作进度。虽然被认为"不守规矩"，但这些高产但极度"懒惰"的尝鲜者仍大有用武之地。能够熟练使用模仿脚本的工作者可以同时应付 20 个销售视频电话，在必要时选择介入或退出，并根据实际情况不断调整自己的脚本。

如果说模仿脚本的用途止步于此——为忙碌或容易分心的销售人员节省注意力——那么它并不值得一提。然而，随着人们不断购买和销售模拟器，一种全新的应用主机出现了。

尽管作为一种节省劳动力的设备，模仿脚本非常实用，但它在扮演"情感假肢"，或是作为情感障碍者的导师方面发挥的价值要大得多。"专家级"模仿脚本被制造出来，适用于所有人，从对待病人举止不佳的医生，到在社交场合有表达障碍的神经多样性[1]人士。配合可穿戴设备，模仿脚本可以在所有场合自由使用，通过人脸识别判断对话者身份，然后为用户提供适当的台词。

模仿脚本的早期用户佐伊·莱姆（Zoe Lem）解释了这一工具对她的重要意义：

在成长过程中，我是一个很害羞的人。我很难与人沟通，即使和朋友或家人也是如此。我只是不知道该和他们说什么。一位亲人去世时，我说了非常愚蠢的话。于是我决定在我的智能眼镜上安装通用的模仿脚本。它并没有解决所有问题，但至少让我在遇到其他人时总是能够有话可说。这让我更加自信。我一直用了好几年，直到我找到一个代理人。

佐伊的模仿脚本由"开罗"（Al-Qahirah）设计。开罗是一个由演员、数据矿工和程序员组成的全球性组织，他们以非营利目的生产低成本脚本。用户只需要支付一定费用，就可以"借助"专业演员的帮助。这些演员会为用户精心设计脚本，同时还会为他们提供实时的情感支持（刚好，不少演员都有操纵"说话偶"的经验）。换

---

1. 神经多样性（neurodiverse），一个通过类比"生物多样性"而产生的名词，被用于描述患有自闭症谱系等神经发育疾病的人。

言之，他们会通过你的眼睛去看，用你的耳朵去听，同时告诉你该如何行动表达、如何发言。

如果说保守注意者把普通的模仿脚本看成一种麻烦，那么这种提供实时帮助的模仿脚本简直就是有违自然。你怎么能分辨出跟你说话的人，甚至你的另一半——是不是正在使用模仿脚本？更糟糕的是，模拟器的另一端还是另一个活人。安全隐患如何解决？要求人们摘下眼镜并不现实，尤其是在主动式隐形眼镜已经开始进入市场的情况下。模仿脚本监测软件的准确率也低到出名。

时至今日，这种对于单一个体和稳定身份的假设看起来已经非常古怪了。但在当时，这却引发了激烈的争论。你不能一时兴起，就放弃延续了几千年的传统和法律。责任问题必然在世界各地的法庭争论不休，模仿脚本也需要找到新的应用，才能得到充分发展。尽管最初的用户雇用的是即时性的专业协助，但从长远来看，最重要的是专业知识的共享，以及构建出在任何场合都能发挥作用的混合型专家模仿器。

从技术角度上说，模仿器和代理人都与真正的人工智能相去甚远。但对用户来说，它们的表象却是相似的。这些初级技术让人们对模仿脚本产生了积极态度，而这种态度最终将左右下一次技术革命的方向。

藻华
THE ALGAL BOOM

加拿大 | 圭尔夫 | 2025 年

　　它让世界转动。它为汽车和飞机提供动力，引发战争，创造财富，亿万富翁们由它的汩汩流动造就。两个世纪以来，石油——或者更广泛地说，原油——把持着世界经济的命脉。这要归因于它的高能量密度，以及可以通过管道和油轮便捷地运输。在石油使用的最高峰时期，每天运输和消耗掉的石油超过 1 亿桶，其中美国、欧盟、中国和印度占据了大部分。

　　到 21 世纪，人类已经找到了可以从页岩、沥青砂以及通过深海钻探提取石油的新方法。这意味着石油危机不再是最为棘手的问题。但过度依赖石油所带来的政治及环境方面的严重代价，还是让很多国家需要找到一个替代方案。

　　但有什么可以替代石油呢？绝大多数石油都被用作汽车、飞机和其他交通工具的燃料。虽然制造用于短途行驶的电动汽车相对简单，但多年来，生产高容量电池的成本依然高昂，而寻找航空燃油的良好替代品则更为艰难。能量历史学家埃莱娜·索玛雅博士（Dr. Elena Somaiya）描述了这一挑战：

　　有太多基础设施和传统技术都依赖于石油。从短期和中期来看，各国所能做的最好事情就是设法节制使用，并尽可能消除负面影响。

在 21 世纪前期，无论是否愿意，这个世界仍然无法摆脱对石油的依赖。

而在这瓶浅绿色的水里，就包含一种可以作为石油全新来源的物质。

如果仔细观察，你会发现水里漂浮着藻类的颗粒——这是一种经过了基因改造的藻类，可以将空气中的二氧化碳转化为"仿石油燃料分子"。这种藻类似乎可以成为满足世界需求的完美解决方案，它能够替代化石燃料，同时不释放任何额外的温室气体，而且是需要经过诸多加工才能在大多数车辆上使用的生物燃料。

然而，科学界发现，如何让藻类可控地大规模生长，是一个令人沮丧的难题。和这一时期许多科学研究一样，进步是通过一种随意的、试错性质的方式取得的。研究人员面临的是，频繁的死亡、竞争性的自然品种、有限的计算资源，以及病毒——更不用说相当大规模的公众反对。

毕竟，这些藻类总要在某个地方生长。以 21 世纪独有的天真无知，大多数人以为这种高科技能源作物应该被放在玻璃和钢化墙壁的设施中培育，普通人看不见也摸不着。一些特殊的藻类品种——通常在电视上"抛头露面"那些——确实被安置在实验室的生物反应器当中，然而，大多数藻类都生长在占地数千平方公里的露天池塘中，这些池塘位于煤厂之类的二氧化碳来源附近。而池塘中的水资源正在变得越发昂贵和稀缺。

因此，藻类石油难以与天然气等更加可靠的能源竞争。最终将其从惨淡经营中解救出来的并不是某个人、某家公司或某个政府，而是一个社群。合成生物学和生物制造者（生物工厂）的成本正在急剧下降，令成千上万好奇的实验者获得了培育基因工程生物的能力。由于其在现实世界中广泛的应用性，以及为全球特定环境定制品种的挑战性，藻类石油生产吸引了许多研究者。

最先的突破来自 2025 年肯尼亚内罗毕一位退休教授和加拿大圭尔夫大学一个本科生团队的合作。他们改良的藻类品种使用了一种巧妙的混合酶，这种混合酶从细菌中提取，从而提升了藻类对环境冲击的抵抗力，同时保留了高生产效率以及产油效率。但这一品种仍不够顽强，无法在自然环境中生长。不过经过具体环境的进一步改良，这种藻类的种植效益最终满足了商业化推广的门槛。生物工厂历史学家凯特·斯派德（Kate Spader）解释了这一突破所带来的影响：

改良后的藻类令人惊讶地迅速获得了竞争力，完全可以与传统石油开采模式分庭抗礼。没错，像沙特阿拉伯这样的国家仍在每天开采数百万桶石油，但改良藻类允许公司和国家——甚至是城市、城镇和家庭——根据自己的需求生产石油。运输成本和价格不稳定的因素被削减，市场竞争变得激烈，在水资源丰富的北半球尤为如此。

除了传统的石油开采国，像壳牌和英国石油公司等全球能源公司也受到了"藻华"的影响。尽管它们的公关活动可能并未显示这一点，但这些公司的主要利润仍然来自石油。少数具有远见的能源公司顺势而为，对生物工厂创业企业和藻类石油基础设施进行了投资，但事实证明，实现了分散式研究和能源供给的新世界，对于大多数石油巨头的冲击过于巨大。2026 年全球碳税的出台，标志着一个时代的落幕。

"石器时代并非因为人类用光了石头而结束，石油时代也会在人类用光石油之前告终。"1970 年代，沙特阿拉伯石油部长扎基·亚马尼（Zaki Yamani）如是说。 经过改良的藻类让世界拥有了用不完的石油，但产油国却不再拥有无尽的财富。

鹦鹉螺 1 号

NAUTILUS-1

通用—联邦快递公司 CEO 荣凯文曾在很短的时间内占据了世界第十六大富豪的宝座。 他的形象出现在无数照片、游戏、电影、戏剧当中。 但他最经典的形象，一定是那张身穿宇航服，竖起大拇指，火星上的新月出现在他头顶的照片。 两年后，当他降落在地球上，漫不经心地啜饮着一杯从火卫二上提取到的水时，他已经从几千年来人类最伟大的一次冒险中归来了。

荣的这一杯水，代表着 21 世纪人类的探险故事：科学、资本主义、民族主义和国际主义精神，共同推动人类完成了这 4 亿公里的远征——抵达火星。

自 19 世纪末、20 世纪初斯基亚帕雷利[1]和洛厄尔[2]对火星进行早期观测以来，火星作为地外生命的潜在家园之一，一直令人类心驰神往。 不过直到阿波罗登月任务实现之后，人类才开始考虑造访火星。 但仅仅是费用问题，就决定了在几十年内，送机器人登陆火星是政治上唯一可以接受的选项。 早期太空探索所需要的资源支持，只有富

---

1. 乔凡尼·斯基亚帕雷利（1835-1910），意大利天文学家、科学史家。 毕生观测太阳系各种天体，观测并描述了火星的地形。——译者注

2. 帕西瓦尔·洛厄尔（1855-1916），美国天文学家、作家、数学家。 曾将火星上的沟槽描述成运河，并建立了洛厄尔天文台，最终促使冥王星在他去世 14 年后被发现。——译者注

裕国家的政府才能满足。仅仅发射几枚消耗性的化学火箭，就需要投入数千名高级技术工人。而且由于短视思维和预算问题，推进技术长期停滞不前。

出于宣传、科学和产业政策方面的原因，各国政府都乐于进行空间探索。但到了 21 世纪初，由于经济方面的压力，很多政府不得不放缓其脚步。美国宇航局和欧洲航天局都将研究方向转向了地球观测和机器人探测，将发射系统的开发交给了 SpaceX 等私营公司，它们在美国宇航局先前的基础上积极行动，以降低成本。

这便是荣凯文介入的契机。2020 年，荣与另外两位亿万富豪组成了一个财团，再加上美国宇航局和 SpaceX，共同打造了"鹦鹉螺1号"。"鹦鹉螺1号"是一艘深空探索飞船，致力于首次完成在地球和火星之间往返的任务——虽然它无法让任何人类在火星表面登陆。

荣的"鹦鹉螺1号"任务表面上看是科学的：他打算从火卫一和火卫二上取回样本，并对火星表面的机器人实现低延迟的远程操作，同时测试长时间的太空探索技术。但他并不讳言自己实际上是想成为"抵达火星第一人"，也不反对在这一过程中通过出售媒体报道权和商品销售权获取利润。

"鹦鹉螺1号"于 2025 年离开地球轨道，荣是飞船上的 6 名船员之一。很多科学家只对他们能否始终保持心理健康有所存疑，毕竟他们要在这样一个容器里被关上两年之久。至于物质条件，他们显然比先前的探险家们好太多了。他们有水耕农场，可以获得新鲜的食物；有离心机，可以在重力条件下进行锻炼和睡眠，从而避免肌肉萎缩和骨密度的损失。他们还可以不断与地球上的亲人进行视频通话，以及使用无限制的虚拟现实娱乐。

这使得这一任务几乎算不上什么艰苦考验，但也并非一帆风顺。

航程进行了 6 个月，飞船的可控生态生命支持系统——植物实验室出现了故障，需要船员们利用机械二氧化碳洗涤器来保持舱内环境的清洁。不幸的是，洗涤器的密封圈有缺陷，导致密封性不断下降。飞船里的 3D 打印机无法更换密封圈，这使得即便缩短飞船在火星轨道上停留的时间，在返回地球的过程中，飞船内可呼吸的空气也可能会被耗尽。

　　地球上的人们开始疯狂寻找修复方案。"鹦鹉螺 1 号"财团和它的志愿者们进行了数以万计次的救援和维修模拟试验。最终，唯一有效的方案是将替换部件送到飞船上，而唯一能够及时执行这一任务的飞船是"萤火 7 号"，它是中国国家航天局与 SpaceX 当时最新的合作产物。

　　"萤火 7 号"当时正在地球轨道的 L3 点上进行测试，但中国政府很快便同意执行救援任务。美国宇航局和 SpaceX 为"萤火 7 号"派送了额外的补给和燃料舱，以及两位在中国酒泉受训，本来准备参加中美联合"天宫任务"的宇航员。经过一个多月的紧张准备，他们出发了。

　　与此同时，荣和"鹦鹉螺 1 号"的船员们仍在向火星进发，显然他们并没有受到可能遭遇的厄运的干扰。当荣第一次在火星轨道上行走时，有 25 亿人正在地球上观看直播。但这一任务最令人难忘的时刻——比日后查瓦拉和怀特在火卫二上"月球漫步"更富戏剧性，是"鹦鹉螺 1 号"与"萤火 7 号"的胜利会师。

　　在充满温情的一个小时里，中国宇航员和"鹦鹉螺 1 号"的船员们隆重地交换旗帜、握手致意，同时交接了用来替换的飞船部件。世界各地的人们举办了无数活动，欢庆这一时刻，就连中国宇航员和美国宇航员也都加入欢庆当中，荣还设法"不小心"把摄像机关闭了几个小时。

"鹦鹉螺 1 号"首先返回了地球，而"萤火 7 号"则留在火星轨道上，进行更多研究。几年后，"鹦鹉螺 1 号"被卖给了一个支持印度和欧洲研究型大学的财团，两艘飞船继续在月地空间、火星和各种小行星之间循环执行任务。

尽管这两艘飞船逐渐淡出了人们的视野，但中美关系依旧紧密。"鹦鹉螺 1 号"和"萤火 7 号"的这一事件，让这两个大国比以往任何时刻都更加紧密地联系在了一起，也让世界松了口气。来自火卫二的样品被一个国际财团收购研究，而中美联合太空训练任务的数量和难度都在不断增加。这份新近缔结的友好，使得两国关系尽管一度非常紧张，但终究没有破裂。

一个亿万富翁的一场"个人秀"，为人类带来了和谐共处的真正象征。荣浪费掉人类历史上最昂贵的一杯水，显然非常值得。

象形表情

GLYPHISH

不屑的摇头。 挑起的眉毛。 熟悉而温暖的微笑。 冷漠而散漫的耸肩……

人类的很多交流都是依靠非语言的形式进行的。 文字可能是适应性最好、最便捷的信息形式，但它无法提供面对面交流时的丰富背景。 直到录音和视频出现，我们才能在远距离传输的条件下也感受到谈话时的微妙细节。

但视频也不是完美的。 作为一种被动的、非交互式的媒介，事先录制的视频可能节奏缓慢、无趣，而视频会议达到充分交流效果的前提，是参与者能够在实时对话中始终保持全神贯注，无论是否必要或合理。 即便是近乎完美的远程呈现[1]，也未能解决这些基本问题。

不过，20 世纪末一种奇怪的惯用表达方式却提供了前进方向，那就是表情符号。 你可以试着把头侧过来，看下面的标点符号：

:）

;）

: O

---

1. 远程呈现（telepresence）是一种虚拟实在，能够使人实时地以远程的方式于某处出场，即虚拟出场。 此时，出场相当于 " 在场 "，即你能够在现场之外实时地感知现场，并有效地进行某种操作。

尽管这种表达很笨拙，但我们也能够轻易地看出它们所表达的意思。在那个输入和带宽受限的时代，表情符号是一种简单、廉价、高效的手段，可以在文本中进行非语言形式的表达。到21世纪初，表情符号在网络上依旧流行，很快诸如"动图"、"动画动图"和"绘文字"等传播更广泛的民间符号加入进来。以此为基础产生的全新媒介——象形表情，很快在远程交流中占据了主导作用。

象形表情最初是一个非常基本的系统，它可以通过缝在运动服装上的肌电信号传感器，将物理姿态转化为符号。这些传感器，就像我现在穿戴的这些，可以捕捉到穿戴者手指、手掌、手臂、肩膀和面部表情的精确动作，将它们抽象成符号，插入默信当中。让我们把它打开。啊，在这里，我已经做了一个滑稽的表示"容忍"的象形表情。

虽然抽象的过程是自动的，但用户可以选择忽略或改变他们自动生成的象形表情，对信息内容实现完全的控制。换言之，他们能够防止身体背叛他们的情感，而这种情况在面对面交流时经常发生。这种手动审核的机制往往会被那些年纪较大或不太自信的用户使用，他们担心交流中的其他人如何看待自己，但"象形表情一代"的用户却更喜欢绕开这一步骤，以便加速他们的对话。实际上，很多象形表情一代会认为需要花很长时间来完成回复的人是可疑的，他们觉得对方不够诚实，而非缺乏自信。

象形表情的发展非常迅速。有的表情源自广为人知的符号或图像，如举起的手或《蒙娜丽莎》，有的可能是对名人或猫咪的短视频的戏仿。

起初，象形表情是以简单的线条画的形式出现在接收者的眼镜或镜片上的，就像早期的表情符号一样（虽然有本质的不同）。随着时间的推移，人们可以对象形表情系统进行定制，以识别更多物理姿态，最终形成的符号也越来越复杂。人们可以通过轻轻摆动手指或皱皱鼻子，将愤怒的人脸表情转化为沮丧的猫咪表情——所有这一切在眨眼间便可以完成。熟练的用户可以把他们的表情融入共享的增强现实环境当中。晚餐时的一次失误可能会换来一股沙尘暴在桌面上掠过，所有参与者都能看到。

毫不奇怪，对于这种更高级的表情，一些人总比另一些人更容易接受，这便导致了交流的分裂化——尽管很多评论者早就提出了警告。

尽管最初是为了私人对话设计，但象形表情很快被推广到其他领域，在一对多、多对多的交流场景中也出现了它的身影。这让很多经验不足的用户感到不安，他们可能会在发言之后几秒钟，便收到一大堆象形表情。但他们最终学会了将它们看成有用的反馈，或是干脆视而不见。同样，象形表情也可以跨越语言和文化的障碍，实现更广泛的传播。

意义最为深远的是，象形表情对非人类之间的交流产生了重大影响。即使到了 21 世纪四五十年代，升级后的动物和人工智能在图灵测试中取得了显著的进步，但很多人仍对和它们进行交谈或文字交流感到无所适从。象形表情提供了一种中间语言，让机器可以以直观的方式表达指令甚至是感情。正因如此，很多老人对"清洁精灵"怀有深刻的感情，因为它们是最早使用象形表情作为主要交流方式的家用无人机之一。

到 2030 年代初，象形表情已经被全球 85 亿人口中的一半以上在日常生活中使用。作为一份开放协议，它被用到所有人们能够想象到的地方，包括现实环境中——在派对和民众集会上，象形表情被

"抛"到空中——游戏、小说、学校、虚拟环境中，当然还有改编莎剧的舞台上。

但不可避免的是，象形表情的繁荣也只维持了一时。2040年代神经系带的进步，让人们可以以更快捷、更丰富、更亲密的方式进行交流，而人工智能代理作为中介实现了近乎完全的普及，意味着视觉符号开始成为呆板的象征。

然而，就像先前的所有媒介一样，象形表情拒绝死亡。它将文字和视觉设计结合起来，引领了一种全新形式的绘画与平面设计的蓬勃发展，使人们想起飘逸灵动的伊斯兰书法。时至今日，象形表情仍在为新一代艺术家提供灵感，就像它启发前几代艺术家的创作那样。

工作的价值
THE VALUE OF WORK

地球 | 2026 年

　　快餐厨师。司机。超市收银员。书店经理。街道清洁工。呼叫中心操作员。教学助理。记账员。飞行员。士兵。实验室技术人员。出版主管。库管工人。渔民。农民。文案人员。快递员。流水线工人。演员。银行出纳员。金融交易员。泊车员。私人教练。

　　一项技能的价值会随着时间而衰减。有的技能的半衰期[1]是几十年，比如汽车维修和秘书工作；另一些则极其短暂，如比特迈斯[2]等短期技术的掌握者。少数技术的价值可能会持续几个世纪甚至是上千年，如政治、写作、狩猎和表演。但即便是这些技术，也难免会被淘汰。时间、机遇、技术和人工智能的发展，左右着所有技能的命运。

　　正常人类学习新技能的速度是有限的，如果他们选择的技能半衰期太短，即便是速度最快的学习者，也只能一辈子一事无成。

　　这就是 21 世纪的道路。一场机器驱动的创新破坏浪潮吞噬了人

---

1. 半衰期（half-life），最早是用于说明放射性元素的原子核有半数发生衰变时所需要的时间。文中用来表示技能衰退的现象。——译者注
2. 比特迈斯（Betamax）是一种年份较早的 0.5 英寸（1.27CM）磁带的格式，1975 年 4 月 16 日发表，同年 5 月 10 日上市。它在与更便宜的 JVC VHS 设备竞争中失利，最终被淘汰出市场。

类驱动的经济——机器不仅提高了人类的生产力，还取代了人类的思想。不过 10 年，整个社会便发觉，人类的技能变得毫无价值，由此带来的成本降低使得个人生产力飞速提升——对那些仍有工作的人而言。

英国哲学家伯特兰·罗素（Bertrand Russell）曾发问，在这样的生产力之下，我们为何还要努力工作？我们为什么不能腾出时间，充分享用我们创造的财富？"这只是一种愚蠢的禁欲主义，通常是代偿性的。（它）迫使我们继续坚持超额工作，即便需求已经不存在。"他还说，"我们没有理由永远愚蠢下去。"

不幸的是，一个世纪的时间还不够长，不够我们从愚蠢中醒悟——或者说得更仁慈一点，对于几千年来一直发挥着重要作用的勤劳美德，人类很难轻易抛弃。闲暇和放松是要受到惩罚的，只有工作才能成就你的价值。

这种陈旧的观点一直持续到 21 世纪。特权阶层的愤恨继续支撑着这一观点，他们不得不先后与妇女、少数族裔、性少数群体、年轻人、老人、无神论者以及无数其他人分享他们认为自己与生俱来的工作和财富。即便工作岗位在减少，财阀们的财富已经造成了社会撕裂，那些宣扬竞争福音和所谓自由市场的人也无法想象其他可能。于是他们教导我们，不应该对任何公司、城市、国家、社群或个人忠诚。我们只应该忠诚于"我的品牌"。

竞争需要赢家。既然有赢家，就一定有人一败涂地。

很少有职业能够幸免，即使是那些"创客"或是受过高等技术教育的人、世纪之交的"天之骄子"也不例外。到 21 世纪二三十年代，程序员严重供大于求，再加上 2010 年代短视的教育政策，工资水平直线下降。而随着数字化转型所带来的低垂果实被采摘殆尽，市场利润越来越少，也越发集中。

数以百万计的计算机科学毕业生无法得知，在他们不断通过复制、自动化参与经济发展的过程中，他们自己的安全就业保障发生了怎样的颠覆。他们所生产的任何东西，只要带有一点原创性，过几周或是几个月就会被复制。想要保持领先很难，但仍有少数个人和公司凭借他们雄厚的资本和人脉关系做到了这一点。还有一些，依靠扩大团队和蜂巢思维等方式存活，他们只能以快得像是作弊的速度不断更新。这些赢家是不负责任的、跨越国境的、跨越星系的。很难去理解他们，他们几乎不是人。

但即便是这些赢家也不是无懈可击的。他们只能依靠对不自由市场最后残余的绝望控制，来掩饰自己的恐惧。他们挥舞着专利、版权、垄断、计划性报废、成瘾、锁定大数据生态系统、管制俘获、政治腐败、广告和游说的利剑，吞噬着社会贡献，如开源软件、众包和个人数据的传入。除了各种捆绑式的服务，他们不提供任何社会回馈。他们做的一切努力，只是为了能在已经名存实亡的资本主义体系中保住自己的位置。这个体系运行得过于良好，也过于持久了。

崩溃源自内部。中位工资停滞不前，因为自动化造成的损失，利润率被极大压缩。随着人们赚得越来越少，谁还能购买机器生产出来的东西？即便是亿万富翁，又用得着多少仆人和演艺人员？还有各种新兴的非营利组织和互助性服务机构，它们的功能包罗万象，而且不需要向股东提供回报。它们可以比最好的公司更加精简地运营，还可以保证让最有组织的特定群体受益。崩溃是缓慢的，但已经持续了超过一个世纪。

由财富税资助的基本最低收入，在 2020 年代首次由北欧国家引入，从而让生活水平、健康和福利与谋求日益稀缺的工作岗位脱钩。

在接下来几十年里，它陆陆续续在欧洲其他国家、南美洲及亚洲部分国家推广。但它并不是万能药。日本在成为一座空心堡垒的道路上越走越远，欧洲则需要为维持民主而斗争。

但我们仍有理由感到乐观。劳动力的价值在下降，资本的价值也在下降。无数短期公司蓬勃发展。欲望改造、开源设计、专利期限缩短，以及接踵而至的"长议会"，都在一次又一次、越来越快地重塑世界。

全面实现基本最低收入保障似乎是大势所趋，但事实并非如此。政治和经济权力变得分散而混乱，脱离了集中控制。让人又爱又恨的小心翼翼的代议制旧传统，直接撞上了以"思维速度"运行的数字民主。二者都在挑战对方的合法性，都需要变革。然而，它们分享的是同样的理想：人人生而平等，共同享有权利。

即便找不到工作，我们也不应该摇尾乞食。

少工作，多创造才是美德——人类应当追求的是与机器有别的东西。

生产力问题业已解决，但福利问题尚且悬而未决。

传统的半衰期很漫长，但同理心更久。"不劳动者不得食"的文化不会一夜之间消亡，即便它所导致的苦难就摆在人们面前。但是，通过那些相信世界终将变得更好的行动者的努力，它正在一点点地、一个人一个人地转变。

乌托邦并不是一个地方，它是一个过程——无休无止、艰苦卓绝，只为了建立一个更完美的世界。

两座塔

TWO TOWERS

阿联酋·迪拜 ｜ 印度·孟买 ｜ 2026 年

  这是一个关于两座塔的故事。一座高度超过 1500 米，直插云霄，由金属和复合材料的细长薄片贴合而成，其最高层可以窥见云层之上的风光；另一座则是由钢筋混凝土建成的老式建筑，矮小实用，高度仅为前者的十分之一。这两座塔目前依然矗立，一座空旷而沉寂，另一座则被欢笑与生机包围。

  第一座建筑是位于阿拉伯半岛小城迪拜的沙姆斯塔（Burj Al Shams）；另一座是 NR 塔 14 号（NR Tower 14），位于印度著名的"极大之城"孟买。

  在这段历史中，我们通常看到的是单个事物，不过偶尔通过两个事物的比较，我们能够得出更好的理解。我无法想象还有哪两件事物能像这两座塔这般相似，又如此不同——它们都是本书中最庞大的物体，是 2020 年代末世界美德与盲目的象征。

  我现在身处迪拜，就站在沙姆斯塔的底部，仰望着它。仅凭肉眼，我几乎看不到塔尖——位于我上方 1600 米，300 层楼的顶部。这座塔的名字在阿拉伯语中的意思是"通往太阳之塔"，2026 年建成，随即成为当时世界上最高的建筑。这一时期，俄罗斯、沙特阿拉伯、印度等新富国家都热衷于通过炫耀财富来征服本国公民和邻近各国，而摩天大楼显然是炫富的最佳选择。

                        给 91 件未来事物写历史

一段时间内，迪拜一直在这场竞赛中领先。这座城市拥有充足的石油财富，并希望在这一财富耗尽之前，建设出能够吸引高利润服务业入驻的基础设施。沙姆斯塔将成为这座城市王冠上的明珠。这是一座自给自足的建筑，拥有功能齐全的办公室、公寓、游泳池、餐厅、音乐厅，甚至是花园———一座人们理想中的"生态建筑"。沙姆斯塔营造出的是一个熠熠生辉的高科技与环保相结合的形象，它甚至拥有自己的风力涡轮机和发电机，以及智能气候控制系统。

　　只有一个问题：沙姆斯塔位于沙漠中央，四周只有旷野，任何机载发电设备和水耕农场都无法真正做到自给自足。这意味着这座所谓的"生态建筑"，依然需要依赖外部资源。这便产生了新的问题：既然低层或小高层建筑成本更低，为何还要建造摩天大楼？另一方面，就算真的可以实现自给自足，那么修建这样一座集居民生活、工作、休憩、购物于一体的建筑，究竟有什么实际意义？

　　我们不难想见，沙姆斯塔的建筑者也明白，他们的项目本身是一个物理矛盾。但客户并不介意。这些人想模仿纽约、香港和东京等城市的成功，在外部复制它们的繁荣——高科技的公共交通、闪闪发亮的建筑、昂贵的酒店、场地开阔的音乐厅——同时又不必进行任何朝向平等主义的社会变革。

　　2026年开业之时，这座摩天大楼的确吸引了数百名超级富豪掏钱认购，几家大型国有企业和跨国公司也被打动，在这里租赁了办公空间。但后来，即便价格大幅降低，这里超过三分之一的空间在10年间始终空置。事实证明，房地产价格"上不封顶"的假设是完全错误的。与印度、印度尼西亚等"重新崛起"的国家相比，迪拜的前景日渐暗淡。这座城市依然富有，作为交通枢纽的价值越发重要，但越发严重的国内骚乱却使得个人和公司都不再愿意在这里安家。

而能让数千人安家的，正是 NR 塔 14 号，一座 35 层高的摩天大楼。与沙姆斯塔不同的是，这一建筑并不唯一，从我站的地方望过去，可以看到 5 座相同的高塔。实际上，它的基本设计和结构与几十年前的建筑是相同的：有一个坚实的中心，容纳垂直电梯，周围是轻幕墙。没有花哨的装饰，没有风力发电机，没有花园，当然也没有音乐厅——只有公寓和商铺。

2020 年代初，孟买是世界上人口密度最大的城市之一，2000 多万居民挤在区区 600 多平方公里当中，生活条件触目惊心。数百万人住在贫民窟里，卫生与医疗条件堪忧，生活质量更无从谈起——然而被高工资和更加自由的社会前景吸引，仍有越来越多的人拥入这座城市。这和几个世纪前欧洲及北美工业革命时的状况几乎并无分别。

2023 年，在限制高楼的规划法案修改之后，数百座小高层及高层建筑如雨后春笋般涌现，以解决城市空间拥挤的问题。起初，这些建筑远非贫民所能承受，建筑质量也令人担忧，一些高楼甚至因为使用了劣质混凝土和钢材，发生了严重事故。更糟糕的是，那些无法搬进高楼的居民为此感到不满，而那些不得不为建造新楼让出空间、流离失所的居民则难抑怒火，导致城市骚乱频发。

然而，随着政府在 2030 年代末强制执行改进的建筑标准，同时出资帮助建造经济适用房，孟买很多最底层的贫民的居住条件也迅速得到了改善。由于建筑计划而失去土地的人也得到了补偿。当地政府坚持要求这些新建筑也要包含多功能混合住宅，公寓旁边配备商店及办公场所，以创造更宜居的社区。渐渐地，这些高塔为数以百万计的人提供了稳定和安全的生活，并为这座城市在 21 世纪四五十年代成为经济与文化中心奠定了基础。

NR 塔 14 号是"第二代"贫民窟替代楼之一，虽算不上好看，至少坚实可靠。它的特别之处并不在于技术有多先进，而在于它是为了需求而建。多年来，这座高塔和它的姐妹建筑不断被重新配置、重新使用，用途多种多样，从办公楼、酒店到社区中心，各类新技术在它廉价的框架上被投入应用。简单质朴、用途广泛是它的优点，而非缺憾。

时至今日，沙姆斯塔的大部分空间均已闲置，租户们早已放弃了它，转而寻找更加灵活或更实用的处所。20 年前，根据协议，它被交给了一个艺术家群体，由他们负责管理。现在它主要是作为一个艺术项目或是雕塑作品而存在——取决于你问的是谁。

然而，位于孟买的 NR 塔 14 号，作为修葺一新的公寓和灵活的社区空间，至今仍欣欣向荣，牢牢地扎根于这座拥有数百万人口的活力城市的中央。显然，大道至简。

虚拟形象化身

EMBODIMENT

　　我现在拿在手上的这件衣服，很难说清究竟是什么。它的外形是一件宽松的长衫，长到膝盖以下，类似南亚的传统服饰库尔塔衫。这件衣服是独一无二的，专门为穿着者量身设计。它有一些鳞片图案，只要光线打在上面，就会反射出丰富的色彩。不用说，穿上这件衣服参加聚会，一定足够吸引眼球。

　　这款库尔塔衫代表的是 2020 年代"闪耀虚拟形象"如何风靡时尚界的故事。和所有时尚一样，它代表的是深刻的社会分化意识。

　　"虚拟形象"（avatar）最初是印度教的概念，指神灵在人间的化身。从 20 世纪末开始，这个词用来指代用户在计算机系统中的图形化、数字化形象，主要应用于通信软件、社交网络和游戏当中。随着人们在数字和虚拟世界中投入的时间越来越多，虚拟形象的复杂程度和价值也越来越高，以至于人们开始花费大量金钱来创造或获取可以代表用户品位，或者更多时候只是反映用户经济水平的虚拟形象。

　　2020 年代，随着经济实惠、品质不俗的虚拟现实和增强现实版平视显示仪出现（甚至早于智能眼镜），虚拟形象从僵硬的、预设的"夸张"造型——挥手或跳舞等——中解放了出来，只需点击，便可触发更多动作。这些动作来自用户身体的映射，可以做到像用户本身一样自然逼真。虚拟现实与增强现实的快速应用迅速带来巨变，数百万人开始在虚拟或增强的环境中花费更多时间，不再关注未经增强的"基础版"现实。对他们来说，虚拟形象比实际形象更加重要，尤其是对穷人和边缘人群而言，这是他们在真实世界中无法得到也不可能存在的表达方式。

由于完全通过数字化方式创作，这些形象的外观可以迅速且自由地改变。起初，虚拟形象受到用户所在的虚拟场景的严格限制，但随着协议和管理技术的日渐成熟，用户可以创造并应用任何他们能够想象的虚拟形象，从基本的人物形象到神奇的怪兽，甚至更多。

这不可避免地导致了一场虚拟形象的"军备竞赛"。每周、每天、每小时都会有新的虚拟形象和配套衣物产生。于是，"闪耀虚拟形象"诞生了，变化如此之快。在相对缺乏主观判断力的群体当中，倘若跟不上最新的时尚，就有可能遭到嘲笑，被群体放逐。

和实体衣物一样，虚拟形象的品质也分三六九等。在虚拟环境中为自己身体建模，然后装配"骨骼"，需要经验、技巧和时间。精于此道的用户很容易就能区分粗制滥造和大师之作。在虚拟现实或增强现实的环境中参加社交活动，这些用户更喜欢与那些拥有高品质、制作精良虚拟形象的用户互动。更高端的用户则拥有自己的专属形象，因此，他们需要一个能够为他们量身打造虚拟形象的裁缝。

无论是在基础现实还是虚拟环境中，量体裁衣都是一种非常亲密的体验。优秀的裁缝不仅会为你量好尺寸，还会观察你的动作举止，据此来调整虚拟形象的合身程度和相似性。更重要的是，裁缝还能够把你的工作、个人价值观、人际关系以及成就等元素也融合到虚拟形象的设计当中。与裁缝会面通常是社交性的，顾客们预约等候他们心仪的裁缝，就像理发沙龙一样。而在顾客离开之后，实际制作虚拟形象的工作仍和往常一样，交给那些低收入的工匠完成，他们的收入只占你支付的报酬的一小部分。

尽管存在劳资分配的问题，但虚拟形象被"快时尚"的潮流推动，取代了大量购买廉价一次性服装的陋习，成为一种经济且环保的选择。在 21 世纪初，生产一件 T 恤衫需要 300 升水、一条牛仔裤的用水量则超过了 1000 升——在这个每一滴净水都必须节约的世界，这无疑不符合可持续发展的要求。

在这一时期，虚拟形象基本还是拟人化的。审美保守只是一部分原因，更主要的原因是对于那些无法通过身体骨骼和动作直接映射的虚拟形象，技术上仍存在限制。此外，即便是在增强现实环境里，变成半人半马或是龙也是不礼貌的，因为会占用太多空间。然而，只要时尚嗅觉足够敏锐，你还是能够通过闪耀虚拟形象，吸引足够多的眼球。

但这件库尔塔衫并不是虚拟形象，它甚至不是虚拟形象穿着的衣物。实际上，它是一件实体衣物。这就要讲到这一时尚发展的下个阶段。

在 2020 年代，虚拟形象通过平视显示眼镜来展示。这种视觉技术意味着用户使用的虚拟形象会和某种实体衣物相叠加，效果时好时坏。具有精致图案或条纹的衣物会带来导波光学干扰，而阳光在闪亮的平面上反射，可能导致线性偏振光，从而在旁人眼中产生炫彩夺目的效果。从纯技术的角度来看，这是一种技术缺陷，但它们确实足够吸引眼球。因此，我手里这件库尔塔衫，就被故意设计成了能够产生这种效果的款式，从而对增强现实环境中的虚拟形象进一步增强。

这是一件专门定制的衣物，不仅是为它的穿着者——一位海德拉巴的珠宝大亨量身定制，也不仅是为了他的一个特定虚拟形象定制，还是为了这个虚拟形象在特定天气和光线条件下的呈现效果打造。当时的富人每年会委托制作这样的衣物超过 100 件，每件的价格是一个高级虚拟形象的 100 倍。

一个由穷人和边缘人群中的勇敢者创造的潮流，最终被扭曲成财富与权力的专属表达。总而言之，这就是时尚。

盒中叛乱

INSURGENCY IN A BOX

　　如果你玩过《星际迷航》之类的热门古装剧角色扮演游戏，今天的物品你一定不会陌生。这是一个复制机。在经典的科幻小说中，复制机可以瞬间将任何物品或多或少地复制出来。这个构想体现了2020 年代末乌托邦式的后稀缺[1] 设想，也激励了无数科学家和工程师，当然也包括这个盒子的发明者。

　　当然，我面前的这个东西并不是真正的复制机，这种设备在当时还完全处在想象中。但它是第一台便携式高质量扫描仪，一个每条边长半米多一点的盒子，由金属和塑料制成，正面有一扇门。如果我打开它，放进去一台面包机——同样是 2020 年代末的物品——然后发出指令，它就能进行扫描。

　　进行一次粗略的毫米级扫描需要几分钟，而更为精细的微米级扫描则需要几个小时（还要通过扫描数据进行必要的断层重建）。其原理很简单：扫描仪利用高功率 X 光射线逐层观察放入其内部的物体，从而确定物品的内外部结构。

　　结合其他便携式传感组件和智能猜想工具确定异常材料的组成，

---

1. 后稀缺（post-scarcity），指一种能量、物质、信息都极度丰富，并且存在自动系统，使人们不需要付出任何劳动即可获取日常用品和其他产品的社会状态，任何人都可以随取随用，稀缺问题不再存在。

用户完全可以利用中等复杂程度的设备或机械工具进行逆向生产。但这并不是寻常人家使用的工具，它具有一定程度的限制等级。那么，是谁在使用它，又是谁首先发明了它呢？

2020 年代初，美国国防高级研究计划局（the US Defense Advanced Research Projects Agency，DARPA）正在研究破坏不友好国家内部稳定的工具，从被篡改的智能药物到能改变情绪生成的音乐和游戏。其中一个项目被非正式地命名为"盒中叛乱"（Insurgency in a Box，IIAB）。除其他因素外，成功的叛乱总是需要可靠的物资和资金流支持，但随着各国政府越发精通空中、网络的监控与拦截，要保证叛乱分子得到有效支持比以往任何时候都要困难。DARPA 认为，最有效的办法是只进行几次运输，并让运输过去的资源能够持续发挥作用。

这个扫描仪配上当时同样属于先进技术的 3D 打印机，就成了解决方案。只要有足够的打印材料，叛乱分子就能对敌方设备进行逆向生产与破坏，制造出炸弹部件、武器、定制电子设备、钥匙、工具和复杂的机械产品。美国政府以"百年星舰计划"为掩护，向这个项目提供了大量资金，确保 4 年内可以生产出原型机。

不幸的是，尽管 DARPA 的研究人员设法将所需组件小型化，让扫描仪便于携带，但无法充分降低功率要求。生成 X 射线需要大量能量——大到足以引起当局注意，而且燃料电池和其他离网发电机都难以满足需求。这个项目只能半路搁浅，研究人员都转移到了其他更有前途的项目当中。

然而，有些想法就像僵尸：永远不会死。3D 打印机最终通过美国宇航局的 PPI 项目进入了联合轨道的工厂，而这个扫描仪却是因为一次普普通通的粗心大意才重见天日。

在例行的数据整理中，DARPA 的一位经理错误地给扫描仪计划分配了一个较低的安全等级，让一位准备前往南极的研究员下载到了个人存储设备上。这位研究员在前往南极的过程中身体不适，只好提前打道回府。结果他把个人存储设备和钥匙一起留在了座位上。等他意识到自己的错误时，这份计划已经消失了。

几小时后，这份计划出现在一个匿名文件分享网站上，存在了18分钟，然后消失不见。在这短短的时间里，总共有200人下载了这份计划，其中包括勒拉托·利纳比（Lerato Lenabe），此人是德班一位32岁的企业家，拥有进行快速原型设计开发的背景。她在大学里成绩优异，收到了一些来自欧洲的工作邀请，但她最终决定留在南非照顾父母。

由于房地产泡沫和股市崩盘，南非失业率极高。利纳比一直没能为自己希望创办的医疗定制假肢公司筹措到资金，她被迫接下了一些3D模型制作的短期工作——这个领域几乎没什么发展前景可言。出于好奇下载了扫描仪的图纸后，她很快便意识到这种设备的价值，于是着手联络在大学时期积累的人脉，尝试自己生产。

这绝非易事。尽管扫描仪的很多部件都可以使用现成的零件，但X射线检测部件在当时仍属最顶尖的技术。如果不是因为"盒中叛乱"在DARPA不知情的情况下被CIA部署在津巴布韦，协助津巴布韦解放军的自由战士揭竿而起，利纳比的故事也许会就此结束。

在4个月的时间里，IIAB的动力由巴托卡峡谷水电站秘密抽取的能源维持。随后津巴布韦解放军决定将这项技术卖到别国，以换取更大的利益。机器被打包送到南非，结果运输车队被美军的隐形无人机拦截。不过无人机的打击效果并不理想，大部分机器组件都完好无损地送到了南非。利纳比在德班的一个科技市场买到了这些组件。在加州大学一些兼职工程同事的帮助下，她利用这些组件和下载到的计划图纸生产出了一台可工作的原型机。

这一切都不便宜。利纳比利用的是客户提供的贷款，这些客户希望通过这台机器快速逆向生产（即盗版）玩具、医疗设备、智能眼镜等。诚然，这世界上有很多公司都在进行完全相同的业务，但利纳比凭借 DARPA 研发的先进扫描仪独占鳌头。只要能在逆向生产的竞争中领先一天，便可在蓝图市场上获得巨大的价值。很快，她就赚到了相当于先前薪水 100 倍的报酬，并引起多方关注。

为了打消调查人员的疑虑，利纳比宣称她的机器得到了一位对考古颇有兴趣的匿名富豪的赞助，同时着手邀请当地博物馆和美术馆提供藏品，她可以进行免费扫描，从而假装这台机器只是为了这一目的而制造。通过微米级扫描，利纳比对数千件易碎的文物进行了研究，揭示出它们的构造、发源地等微观细节，从伊菲铜像到班图遗迹。通过她提供的数据，考古界撰写了诸多论文，借此机会发现的赝品也不在少数。

美好时光终有尽头。DARPA 扫描仪的优势并没能持续太久。3年后，更先进、更节能的扫描仪出现了。利纳比把她的机器捐给了当地一家慈善机构，并用她这段时间积累的财富成立了一家考古技术公司，她的想象力最终被博物工作激发。而这台扫描仪，目前藏于瑞典马尔默图书新馆。

热带 6 型病毒
TROPICAL RACE SIX

千禧年前后，这种东西被全世界的人大量地、随意地享用。然而，到 2027 年，它却从日常食物变成了危险且昂贵的奢侈品。

而我现在就准备吃一个。

这种水果的不同寻常之处在于它自带包装，当然是可以生物降解的。我听说有一种剥皮的窍门，但——哦，好像不大行得通。总之，只要把它的皮剥开，里面柔软的果实就会散发出迷人的香气，咬上一口，就能让你忘掉所有烦恼。

黏黏的、口感厚实、很柔软，完完全全独一无二。这是香蕉，我手上的这根来自目前尚存的少数几个品种之一。

从 20 世纪初开始，卡文迪许香蕉（Cavendish Banana）就成为一些国家向海外大量出口的首选香蕉品种。这种香蕉易于运输，同时产量也相当可观。到 21 世纪初，卡文迪许香蕉几乎成为唯一的出口香蕉品种。单一种植的风险在当时已众所周知，但超级资本家们的短视却让他们对此视而不见。

2021 年，热带 4 型病毒——一种名为致病性尖孢镰刀菌的土传植物病原菌对香蕉种植业造成了严重打击，摧毁了菲律宾、印度尼西亚和澳大利亚的种植园。唯一能阻止这种病菌蔓延到香蕉产业真正的中心地带拉丁美洲的，是 2010 年代由于对国际恐怖主义的担忧而催生的严格检疫法规。恐慌过后，人们订购了大量甲基溴化学灭菌器，从而令热带 4 型病毒无处遁形。

但大自然厌恶单种栽培。仅仅 3 年后，2024 年，哥伦比亚 5 个不同地区的香蕉种植园相继报告了一种不同寻常的病症。忧心忡忡的研究人员将其病因确定为热带 6 型病毒———一种当年早些时候刚在别国发现的植物病原菌。不知怎么，它逃过了口岸检疫，还连续 11 次躲过了哥伦比亚国内的植物病原菌抽查。其中有 10 次未能检出是因为检查员把检测目标锁定为热带 4 型病毒，剩下的一次则是因为检查员要观看球赛，干脆没有进行。到了年底，热带 6 型病毒已经蔓延到了数万英亩的种植园。到 2026 年，它的蔓延范围扩大到数百万英亩。

危机的覆盖面太大，协调有效的应对措施不可能实现，尤其是南美洲各地已经在 5 年内连续 3 次遭遇超级气旋的破坏，各方只能勉力维持的情况下。他们无力阻止香蕉枯萎病摧毁整个产业，更没办法避免由此产生的大量失业和社会动荡，哥伦比亚和洪都拉斯由此掀起了人民革命的浪潮。

先前为对抗热带 4 型病毒培育的"新卡文迪许香蕉"，始终没有取得进展。洪都拉斯农业研究基金会（Fundación Hondure a de Investigación Agrícola，FHIA）倒是成功培育出一种抗病毒的杂交香蕉品种，但并不符合北美人的口味——他们的挑剔众所周知。与此同时，由昆士兰科技大学培育的转基因品种本来颇有前景，结果陷入了专利纠纷，同时还受到欧盟方面反转基因组织的反对。

从 2026 年开始，在农业企业数亿投资的推动下，抗热带 4 型病毒及抗热带 6 型病毒的"新新卡文迪许香蕉"的研究速度有所加快。但这里的"快"仍是个相对概念，花费了 5 年时间，研究人员才培育出一种既安全又能满足口味要求的香蕉。但到这时，北美和欧洲人的口味也发生了改变，而全球变暖的加剧更让拉丁美洲香蕉园的经济效益前途未卜。当2030年寥寥无几的新新卡文迪许香蕉种植园受到新的香蕉限制成熟病毒侵袭时，主要的农业企业投资者都选择不计损失，彻底放弃香蕉业务。

亚洲和非洲的本国香蕉产业经营者并未受到波及。他们不必担心香蕉长途运输、储存数周的问题，也未曾对卡文迪许香蕉进行单一种植，而是种植了足够多的品种。偶尔的病毒或植物病原菌不会对他们造成致命影响。

最终，到2040年，由于转基因品种"新新新卡文迪许香蕉"的诞生，以及借鉴了蒂尔森等克隆肉类先驱的无菌种植技术应用，香蕉产业重新崛起。没错，香蕉重新回到了市场上，但价格是以前的50倍。

我手里的这根香蕉是卡文迪许香蕉，不是"新卡文迪许"、"新新卡文迪许"，或者"新新新卡文迪许"。不，它是绝对正宗的老卡文迪许，完全是21世纪初人们食用的品种，只是生长在无菌环境中，保证不会受到热带4型病毒、热带6型病毒以及其他病原菌或病毒的影响。我不会告诉你们它值多少钱，但我可以说，我终于明白一个世纪之前人们为何会吃掉那么多香蕉了。

沙特之春
SAUDI SPRING

这场革命并非始于无人机上搭载的枪管，而是某人扔出的石块。尽管人们把生活的一切都搬到了网上，但在 2020 年代末的沙特阿拉伯，当权力和控制袭来时，真正影响到的仍是现实世界。由人类的肌肉驱动扔出去的砖头，是对权力最原始的挑战，几千年来从未改变。

在利雅得的国家博物馆，一些在"沙特之春"革命中最早被使用的武器摆在地上。粗糙的、坑洼不平的石块和砖头，从地上或残垣断壁上剥下来被用作击退政府安全部队的弹药。我们能够得知这些石块曾被革命者们使用，需要感谢当时全国各地数以百万计的真实记录——来自不同角度和设备：智能眼镜、项链、建筑物、汽车、自行车、直升机、无人机、飞艇和卫星。

沙特之春并不是一场和平革命，也并非血腥异常。但它被整个世界关注，各个角落、每分每秒都被窥视。

2020 年代的沙特阿拉伯处在国家性的矛盾之中。它是其所在地区最强大的经济体之一，在军事装备和社会福利方面花费巨大，但同时它又是一个不稳定的力量。该国绝大多数财富和出口都来自石油，由此导致年轻人失业率居高不下，滋生了人们对该国政府的强烈不满。

这在之前几十年都没有造成太大影响。但在 2020 年代，情况有了变化。一个原因是石油。发达国家开始通过天然气、改良海藻、风能、太阳能以及卵石床核反应堆来实现能源多样化。沙特的石油出口量依旧，但价格却止步不前，而且对于需求的长期预测变得越发消极。

石油收入的减少，意味着用于掩盖巨大贫富差距和维持挥霍无度的王室统治的资金都在减少。这个国家无法再像之前那样，即便发生动乱也可以通过发放资金、创造大批无用岗位来平息。相反，政府选择把日益见底的资金储备用在了安全服务和通过建造类似货物崇拜[1]的高科技城市来刺激经济的蹒跚尝试之上。所有危机都直指该国僵化的官僚体制以及长期以来反对创业文化的立场。在沙特的蓄意煽动之下，也门内战旷日持久，导致数百万难民从边境拥入，进一步加剧了国内矛盾。

和中东很多国家一样，沙特人口主要由 30 岁以下的年轻人构成。他们从小便开始使用互联网——尽管受到审查和监控——以及卫星电视。虽然对西方奇迹有所怀疑，但他们还是被言论自由、集会权、使用先进技术、性别及性平等、认知增强药物以及自由公平选举等概念吸引。来自利雅得大学的政治历史学家诺拉·阿斯玛里（Norah Al-Asmari）回忆道：

我们希望得到世界上其他国家拥有的东西。当时在沙特的生活就像是一个玩家明明已经上线，等待加入游戏，却总因网速太慢或

---

1. 货物崇拜（Cargo Cults）是一种宗教形式，尤其出现于一些与世隔绝的落后土著之中。当货物崇拜者看见外来的先进科技物品时，便会将之当作神祇般崇拜。

是水平太菜而被后来者超越。我们被所有国家超越——埃及、巴林，甚至是伊拉克！我太生气了，每天都想摔手机。更不用提我们的女人处境有多糟。她们能开车又能怎样？当网络受限时，我们找不到工作，没办法实现目标、达成梦想，甚至连探索梦想的机会都没有，又有谁在乎？我们看到了 2011 年发生的事情[1]，以为那样的事情也会发生在这里，但并没有。直到 2028 年，它才发生。

2028 年 5 月 18 日，春季革命在利雅得爆发。三百余人聚集在内政部门外，要求为穆罕默德·阿尔法拉罕（Muhammad Al-Farahan）伸张正义，他是一位颇受欢迎的网络主播，却因指责君主制摧毁了这个国家的年轻一代而遭到监禁、折磨，直至被杀害。

内政部并没有在第一时间做出回应，安全部队也保持了一定距离，希望不要引起抗议者的注意。但当第二天数千人在阿瓦米亚、吉达和卡提夫走上街头时，政府轻率地下令全国暂时"断网"，试图阻绝示威者之间的沟通。

这种管制并没有起到作用。实际上，它只是让更多人关注到了抗议活动。三天后，两万人在利雅得游行，利用稍加改动的灾难救生包网状网络协同行动，最终酿成了一场屠杀。当人们接近内政部时，惊慌失措的官员们下令部队鸣枪示警，却导致了人员伤亡。群众于是开始打砸街道、投掷石块、放火烧车，并设置路障阻断道路。由上千台摄像机拍摄的游行现场视频通过网状网络迅速传播，很快便在沙特各地掀起了几十场游行示威。不断有人丧命，也不断有更多人站出来斗争。

---

1. 指"阿拉伯之春"。

几十年来，这个君主国对于抗议活动并不陌生，因此迅速采取了行动，实施了多年前制定的应急预案。政府网站发布了伪造的视频和电子邮件，"证明"这一系列抗议活动是由伊朗间谍和密探挑起的。不久之后，"西方势力煽动"的造谣运动接踵而至。大多数人都不再相信这些说法，于是继续战斗，但与王室结盟的权贵们明白，维持现状才能维护他们的利益，因此他们选择隔岸观火。

其他国家，包括美国在内，都拒绝进行正式干预。它们表示这是沙特内政问题，况且，很多国家自己也正因国内动乱焦头烂额。于是接下来的两个星期，暴力冲突在沙特各地爆发，上千人丧命。起初，训练有素的政府军队似乎能够轻易取胜。但革命者得到了多方援助，包括从伊拉克走私来的武器化无人机，以及从沙特情报部门的同情者们手中得到的情报。

这些帮助叠加在一起，让革命者们拥有了沟通和控制局面的手段，这对他们持续抗争至关重要。他们的领导人之一瓦伊娜特·谢里夫（Wajnat al-Sharif）告诉她的追随者们"拆掉每一根电线，摧毁每一台收音机，捣毁每一根天线，封锁每一个频率"，从而阻断国家的通信活动，让叛军垄断通信。

几个星期过去了，双方似乎进入了僵持状态。政府军不希望采取更加激进的行动，激怒年轻人的家族，而革命者也没能取得足够多民众的支持，无法真正战胜军方。直到阿卜杜勒·阿齐兹国王科技城——所有国际互联网数据流入沙特阿拉伯的枢纽——的技术人员公布了 TB 级关于腐败、贪污、暴力酷刑和非法命令的确凿证据，王室才意识到自己地位不保。对失去民众信任的状况他们并不陌生，可失去他们所依赖的技术人员的信任，一切都无从谈起。

政府宣布停战。国王艾哈迈德接受了对他权力的严格限制，并出台了一部新宪法。军队依旧忠于王室，但革命者要求他们必须佩戴摄像头和监控装置。当军队的一举一动都处在监视当中时，就几乎等同于拔掉了他们的尖牙利爪。

一年后，首次选举举行。沙特阿拉伯的历史翻开了新的一页。

食堂
THE HALLS

英国 | 利物浦 | 2028 年

没有什么比聚餐更典型的人类事务了。我们通过聚餐来欢庆、互相慰藉；我们通过一起吃早饭、午饭和晚饭，让固定联系更加紧密，也让新的联系得以建立。吃饭时有个好伙伴是会让每个人都感到愉悦的事情，甚至就连"伙伴"（company）这个词，也是源于那些一起吃面包的人。[1]

现在我面前的这个东西就完美地诠释了这个传统。这是一张非常简单的长木桌，大到可以容纳八到十个人在它两边落座。它没有配备任何机器人，没有无线电标签、共振充电器或无线天线。实际上，它没有任何电线。这只是张桌子，木头做的。

这张桌子早在 1948 年就被放在英国利物浦一家名为"城堡"的酒吧里。城堡酒吧后来屡次转手，购买它的公司越来越大，直到遇上 2020 年代的经济危机，它被当地一个姓奥赖利的家庭买下，着手重新装修。

不过，奥赖利一家并不打算经营普通的营利性酒吧——鉴于当地大多数人都已经养成了在家里订购、享用更便宜的饮品，这个想法

---

1. "Compony" 的拉丁词根 pan，来自拉丁名词 panis，意思是"面包"，而英语前缀 com 表示"共同，一起"，因此这个词的起源多被认为是指一起吃面包或者做面包的人。

显然过于冒险——他们将城堡酒吧改造成了一个订金制食堂。客人们被鼓励提前支付套餐费用，尽管日常菜单上的选择不多，但随着时间推移，酒吧在经济性、健康性和多样性上的表现大大弥补了这一不足。

尽管第一年寻找订户的过程并不容易，但凭借可靠的现金流、无须支付租金，以及与周边社区的紧密联系，他们还是勉力经营了下来。不过随着时间的推移，"城堡"成了很多当地人的固定目的地。他们一周可能会来一两次，跟邻居叙旧，认识新朋友，或者只是来吃点健康食品。

2028年，一位来自法国、颇有人气的网络博主在一篇介绍大众餐厅的文章中提到了"城堡"——她称之为"食堂"，以类比古典修道院和牛津、剑桥的学院系统里的用餐场所——随即引发了一波遍及全球的"食堂热"。

很难说清，作为一种饮食方式，"去食堂吃饭"为何会突然流行。一大简单的吸引力是，食堂提供的饭菜都是事先订购、计划好的。他们可以通过通用快递购买大量高品质食材，然后现场制作。此外，食客们也经常参与到备菜和烹饪过程中。很多人还是喜欢现场学习如何做饭，而不是通过增强现实技术或模仿脚本教程。孩子们也经常参与进来，乐在其中。

食堂的规模各不相同，可以容纳几十人到几千人不等。但经营最成功的食堂往往拥有几百名常客，他们每周都会光顾几次。这代表了食堂的另一大优势：可以让不同的个人和阶级增进交流。尽管客人们可以也经常选择与熟人一起用餐，但聪明的主人会温和地鼓励他们偶尔与陌生人聊上几句。客人们通常也会享受这个过程，从而促进社区的友好和谐。

当然，并不是所有食堂都能做到这一点。有的食堂太小，无法让陌生客人在交流的同时保持得当的距离，或者是客人群体的组成过于单一。解决这个问题的方法是为游客提供折扣或免费餐点，或是安排"交换"用餐。还有一种方式被富于冒险精神的食堂采纳，即在用餐者都同意的情况下，开放增强现实的用餐环境。通过增强现实技术，世界各地的食堂可以连接在一起，形成了一个"几乎无穷大"的食堂。在这样的食堂中，即便相隔千里，人们仍可以"拼桌用餐"、相互交流。这种做法往往会在彼此连通的食堂协调了菜单和家具之后取得最佳效果，因此不少食堂都选择了和"城堡"相同风格的桌椅。

如今，食堂随处可见，仿佛成了一项延续千年的传统，最早可追溯至古希腊和斯巴达时代。但我们不应忘记，在 20 世纪和 21 世纪初，人们和他们的邻居早已"对面不相识"。那是一个令人不安、不同寻常的时期，始于数百万人由农村迁入城市，于是社区变得割裂，最终被新形式的本地和虚拟社区终结。

食堂说明了我们对社交生活的强烈需求，也说明了一条亘古不变的道理：人总要吃饭，而且喜欢跟别人一起吃。

2028 年，人们对增强团队的兴趣与日俱增，很多公司都在提供对接和整合服务。我会利用当时的一份宣传册来讲述这个故事。

《你想加入增强团队吗？》

作者：增强之绿

祝贺你！增强团队是我们社会中最有价值、最具竞争力的角色之一。他们从事着其他人无法完成的挑战性工作，拓展人类智能的极限，而这些努力也得到了丰厚的回报。

你可能已经对增强团队有所耳闻。也许你看过关于他们的视频、读过相关的书，或者玩过以增强团队为背景的游戏。不过理所当然，现实肯定跟这些虚构作品有一定出入。所以在决定加入之前，你应该对现实有所了解。

加入增强团队，就像是在提问之前就能得知答案——或者就像是平生第一次戴上镜片、利用脚本、和代理人对话。生活中的一切都变得更加丰富、鲜活。你所看到和感受到的一切都将沉浸在数据、联系和意义当中，变得不言自明。

——黛博拉·迪恩斯，"增强之绿"成员

概况

增强团队通常包含 3 ~ 7 名人类成员，由软件支持，使他们能够以更快的速度相互沟通，并获得人工智能系统支持。与传统的网络团队不同，大多数的增强团队会在实际距离更接近的环境中工作，这样可以减少延迟，同时还可以利用非语言线索交流，从而增加信任与带宽。这有助于提升团队决策水平，实现"有限集体效用"的最大化。

不过这些只是一般性原则。在实际操作过程中，每个增强团队都有自己独特的运作方式。尽管可能出现协调不当的问题，但人数多达 10 人甚至 15 人的增强团队也并非不曾出现。还有一些月外轨道团队能够在远距离和高延迟的环境下工作，成员之间存在数个光秒的延迟。不过可以肯定地说，这些都是非常例外的状况。

增强团队小型化、个体化、稳定性强，以及密集网络化的特点，让他们很适合处理一些一般问题解决者的棘手任务，或是时间紧迫的工作。以全球同步发行的产品或重要的实时演讲为例，增强团队能够根据市场或听众的即时变化做出反应。团队成员不断相互沟通，同时也不断和他们的人工智能支持系统沟通，攻坚任务中最关键的部分，从而完成完美无瑕的产品发布或演讲。但这种优势的实现并不容易。

归根结底，增强团队协同的是成员的能力，而非特质。他们拥有一个复杂的相似性网络，这是一组横跨技术和流程的"家族相似性"。这种相似性决定了在任何智力任务中，增强团队都能具有超出任何个人以及整合程度较低团队的能力。

如何成为优秀的增强团队成员？

由于每个增强团队都是独一无二的，因此成为优秀的团队成员并不存在单一模式。研究表明，在增强团队中，融入较好、表现优异的成员往往具有以下能力：

——充分的同理心和沟通能力
——至少在一个领域具有高级技能（如写作、编程、谈判、考函）
——互动型专长
——极好的适应能力

如果拥有以上能力，你就拥有了成为优秀团队成员的先决条件！还有一些潜在迹象，表明你很可能成为优秀成员，包括：

——化解冲突的天赋
——真正出色的倾听能力
——让争论搁置的能力

在团队中，我还能保留自己的个性吗？

当然可以！虽然一些增强团队以"统一"的面孔出现在公众面前，但即便是融合程度最高的团队，其成员依然有能力独立经营生活。的确，一些脱离团队的成员可能会性情大变，但那是任何人在经历了重大变故之后的正常反应。在"增强之绿"，脱队能力是我们引以为豪的部分。根据国际增强团队组织的评估，我们的成功率高达 99.6%。

增强团队采用什么样的技术进行连接？

虽然目前脑磁图和皮肤文身备受青睐，但有些团队采用技术含量极低的解决方案，如项链、眼镜，甚至是终端机，也取得了不错的效果。还有一些团队偏爱实验性甚至是物理性侵入技术。不过，除非团队成员都有经验，并对某一种特定的连接技术很有信心，我们通常建议他们在采取具体方案之前，先把所有可能的方法都尝试一下。

增强团队擅长的是哪类工作？

增强团队所能接受的挑战是没有限制的，并不局限于科学和政治领域。去年奥斯卡的"最佳影片"便主要是由位于洛杉矶的增强团队"血色之心"制作的！其他增强团队参与的领域包括：

——游戏开发（"科拉松"团队）

——蜂群远程操控（"BHA- ETH"团队）

——谈判（"斯图亚特家族"团队）

——建模发展（"月神"团队）

——情报服务（"密炼"团队／"UCC"团队）

增强团队能造福社会吗？

尽管增强团队还是个新颖的概念，但他们已经为社会做出了无数积极贡献。他们在技术和科学领域取得突破，提高了公司、慈善机构和政府的效率，还创造出了广受好评的艺术作品。尽管有人认为增强团队正在夺走其他个体工作者的饭碗，但事实是复杂的，不能只通过就业数据和不平等指数来衡量。增强团队取得的诸多进步衍生了新的工作岗位和新的财富形式，很多团队自愿为受到其影响的工作者提供再培训资金。

感觉很不错！我该如何注册呢？

很简单，您只需要完成附件中的测试，并授予"增强之绿"对你的社会／医疗／心理记录的有限访问权。我们会对所有信息保密，并将在 10 分钟内对您的申请做出答复。

"增强之绿"有何优势？

"增强之绿"是一家经IATO[1]批准的综合性机构。我们为很多世界领先的增强团队招募成员，还为他们介绍新的工作和客户。我们的协议很简单：我们负责进行测试、对接和培训；我们为您定制硬件和软件，并向您提供我们的职场交流平台；我们还会提供世界领先的脱队治疗服务以及全面的保险。

1.IATO，作者虚构的一家官方认证机构的简称。——译者注

对于所有这些服务，我们只收取您未来5年收入的12.5%作为佣金，外加任何发明、发现的特许使用费的可协商份额。我们不收取任何预付费用，也不含任何隐性成本。我们有信心我们的服务是无可比拟的——我们的客户满意度，有口皆碑！

中眼
MIDDLE EYE

　　退潮时，你只需步行便可抵达希尔布勒岛。 这座岛距离海岸只有 1.5 公里，但除非不介意靴子湿透，你最好还是从西柯比新修复的海滩绕行。 等海水退去，你可以一直向西，直到碰见"小眼"——一块红色的本特砂岩，它是主景点前两座小岛的一座。 随后，向西北走，你就会看到匕首似的中眼岛，上面长着久经劲风吹袭而始终屹立的草丛和灌木丛，再走一段小路，就到了荒凉的希尔布勒岛。 这段路程大约要花上一小时，你还有一小时可以探索废墟，或是加入观鸟者的行列，寻找蛎鹬、翘鼻麻鸭——如果足够幸运，你还能看到一种紫色的矶鹬。 这座岛已经数十年无人居住，所以除非你想在寒风里颤抖着站上几个小时，不然涨潮前就应当踏上归程。

　　但当年的流亡者是没有这样的余裕的。 他们总共 14 人，被同胞正式排除在外，被带到这里，10 年内不得离开，也不得与外界交流。这里甚至安排了全自动无人机监控，防止他们从空中获取任何信息。在一个普遍联系的年代，他们成了地球上最脱节的一群人，同时也是最刻意、最成功被隐藏起来的社群之一。

　　他们在 2029 年抵达这里，2039 年获准离开。

　　2025 年，准俄罗斯慈善组织 UCC 购买了希尔布勒岛，当时英国正处在金融萧条的最低谷。 脱离欧盟之后，当苏格兰和北爱尔兰先后发起独立公投后，英国实际上已经解体。英格兰饱受持续不断的威尔士分离主义分子活动的侵扰，又急于获得硬通货，于是开始打包出售村庄、城镇、山丘和岛屿，价高者得。

在这段时间，有数百平方千米的领土被签下了 99 年租约。租约禁止部署军事资源或人员，但除此之外，租约持有方对其土地及领空拥有不受约束的控制权。英国人对国家边界的涂涂改改早已习以为常，很少有人关心他们的地图上是不是又被抹掉了几块。

大部分"租界"都拥有英国独特的历史文化和地理优势，成为旅游景点、主题公园、太空港、网络运营中心和数据储存中心。也有少数被用于非常规的目的，比如露天监狱。

UCC 的 全 称 是"共 同 事 业 合 作 体"（Universal Cause Collective）。它原本是俄罗斯一个独立研究组织，最初致力于提升增强团队技术。然而，成立后不久，它就在其极富魅力的首席科学家叶甫根尼·帕斯捷尔纳克（Evgeny Pasternak）的引领下，开始涉足包括生命延续、复活，以及超人类主义在内的新领域。前期在人工智能方面的突破，让它吸引了数百万客户，这些人急于购买它的服务，资助其野心勃勃的目标，并宣誓效忠于它的事业。

为了改造灵魂，帕斯捷尔纳克相信，他还必须改造社会。当然，他本人更愿意亲自领导这个社会。于是在俄罗斯联邦第二次崩溃时，UCC 在大量飞地上实现了有效自治，通过集团投票、明智的政治捐款和直接贿赂，从捉襟见肘的地方当局那里买到了独立。在这些城镇，UCC 的成员们通过由量子驱动的人工智能规划和实施控制论经济进行重建，这些人类似乎团结一心，正在为超越人类而努力。

但即便一个社会拥有共同的目标，追逐过程中也难免会有异见者。有些社会称之为"忠诚的反对派"，也有的斥之为异端。若放任不管，他们的思想便可能失控蔓延，但如果惩罚过于严厉，就会制造出殉道烈士。中间道路往往是最好的。

站在昔日的电报站脚下，你可以欣赏到由希尔布勒岛原有建筑改造而成的流亡者住所：平房、观鸟台、中央电报室、船屋，一对不幸的伴侣甚至还在小岛最北端拥有一座避人耳目的海边小屋。这里完全不是恶魔岛[1]的模样，他们不可能被飞机救走，也从没有人试图逃跑。除了在这里安稳度日之外，他们也几乎没有其他想法。不过，由于流亡者每个月都可以要求送来必要物资，所以他们有充足的时间对小岛进行改造。实际上，希尔布勒岛的首批流亡者，恰恰是最擅长改造环境的工程师。

说到底，他们遭到流放只是因为一个小到不能再小的分歧，而不是什么严重的思想原则问题。帕斯捷尔纳克的计划经济方针要求他们小组研究一种特殊的分子操纵器，需要用到一种特定的超导材料，但他们认为应该选择另一种材料——仅此而已。

但在 UCC 看来，他们的异见是对研究方向的异议，而这构成了对领袖的反对——他所领导的组织是他们自愿加入的。由于他们拒绝离开 UCC，而 UCC 也不想驱逐或监禁他们，因此流放成了权宜之计。

由于 UCC 对监视记录全部保密，我们几乎无法得知流亡者在希尔布勒岛上的具体活动。而且即便回国之后，这些流亡者对自己这一时期的经历也三缄其口，颇有几分古怪。不过，此地的遗迹揭示了他们是如何各忙各的：重建鸟类观测站，在岛的周围清理出一圈跑

---

1. 恶魔岛（Alcatraz Island）是位于美国加利福尼亚州旧金山湾内的一座小岛，面积为 0.0763 平方千米，四面峭壁深水，联外交通不易，因而被美国政府选为监狱建地，曾设有恶魔岛联邦监狱，关押过不少知名的重刑犯，于 1963 年废止，现与金门大桥同为旧金山湾的著名观光景点。

道，将电报站改造成风力发电机，还有——出人意料地——有人在中眼岛上新建了一栋住宅。

目前尚不清楚他们中间因何产生分歧。但在 2033 年夏天，希尔布勒岛上的流放者中有 3 个人又被放逐到了中眼岛。对两岛环境的鉴定分析表明，除了每个月固定的物资转移外，两岛之间完全断绝了联系。

或许这一次，双方的分歧是源于重大的理念差异。又或者，他们只是因为受不了对方。他们已经与其他人类隔绝了，再分离一次又如何？有时候，争端只能以这样的方式解决。况且，他们的小世界也有足够的空间让他们分而治之，老死不相往来。

说不好，后来去到中眼岛的 3 个人之间也有分歧。但中眼岛已经够小了，那块"小眼"也住不下人。

2039 年，流放者回到了俄罗斯。不到一年，UCC 宣布解体。帕斯捷尔纳克在 2037 年死于一种罕见的癌症。失去了他的领导，他的合作体便分解成了相互竞争的团体和邪教组织。由于大量投资，俄罗斯政府重新获得集权能力，回收了 UCC 的飞地。分久必合，流亡者的罪行也很快被世人遗忘。

袋狼

THYLACINUS CYNOCEPHALUS

进化枝女王（Queen of Clades）娜塔莎·弗莱（Natasha Frei）醒来后，抓起眼镜，查看了一份报告。报告里充满各种数据和互动，还有她手下职员的各种模拟形态，但她所关心的只有一件事：数字。"数字"代表的是专注于扭转人类在近 500 年里造成的动物灭绝的"500 计划"的完成程度。而它之所以如此重要，是因为娜塔莎·弗莱剩下的时间已经不多了。

现在是 2029 年 3 月，"数字"远没有达到弗莱的目标。她曾计划在这段时间内数字达到 11%，但拉布拉多鸭的测序失败和内源性逆转录病毒肆虐，让"数字"只达到了 8.4%。有人认为她盲目乐观，把 500 计划团队逼得太紧，导致了资金方面的困难。这已经够糟了，还有更糟糕的流言：有人私下议论她是"微观管理者"[1]。如果不是因为弗莱，他们现在的进度应该远超 10%。

但这也许并不是一件坏事。就和她所监管的项目一样，弗莱本身也是旧时代的象征，是老派命令者、控制者的化身。在这个碎片化的时代，这样的管理者经常悄然现身。也许事无巨细的管理无法

---

1. "微观管理者"（Micromanager），管理学术语，指某人曾是表现出色、对自己能力也充满信心的工作者，可以准确且高效率地完成被交付的任务，但在晋升管理阶层后，可能因为将过于强硬的工作方式加诸员工身上，让下属觉得缺乏支持、不被充分尊重及授权，甚至萌生辞意。

博得人气，但这种方式确实能够给整个项目一种激光似的专注力，而这种专注力是很多分布式团队梦寐以求的。

弗莱并不在意这些议论，她只是讨厌浪费资源和才能。如果这意味着专制管理，那也只能这样。但有一点是明确的，她对这个项目非常看重。"我们要把自己搞出来的烂摊子收拾好。"她如是说道。

"我们的烂摊子"指的是过去 500 年造成的影响。在这 500 年间，人类狩猎和环境变化造成了一万至十万种物种灭绝。你可以通过改变时间区间来让数字变大或变小，但该项目声称，只考虑最近一个世纪，就是在逃避我们应当承担的责任。那么，为什么是 500 年呢？因为 500 年是保留下来的物种 DNA 的半衰期。这也解释了我们为何无法复活恐龙，正如该项目也曾做出的解释，你不能通过石头来克隆生命。

这个项目的起点是袋狼。袋狼又名塔斯马尼亚狼，如果生活在它灭绝前的 1930 年代，你可能会亲眼见到这种体型庞大、身披条纹的有袋食肉动物。我们曾以为再也见不到它了，但不到一个世纪后，袋狼被成功复活，并在塔斯马尼亚荒野上重新定居。参与这一项目的科研人员则荣誉加身。

弗莱便是其中之一。她很快成为复活灭绝生物领域的领军人物，并创立了 500 计划。她与华大基因（Beijing Genomics Institute）建立了合作关系，后者创造了一小时便可完成一个百万基因组测序的世界奇迹；她还与圣地亚哥的冷藏动物园（Frozen Zoo）合作，与斯瓦尔巴和萨塞克斯的种子银行建立了联系。当美国一个财团试图为复活动物的基因组申请专利时，弗莱毫不退让，也因此在公众面前确立了自己的地位。她将这个财团告上了美国最高法院，并取得了最终的胜利，从而确保了基因组的专利权将永远保留在公共领域。

　　　　　　　　　　　　　　给 91 件未来事物写历史

最重要的是，她从美国国家科学基金会获得了双倍资金资助，她是一个卓有成就的女人。

500 计划拥有上百亿预算，由政府资助和直接捐赠共同支持。它并不是唯一一个复活灭绝动物的计划，其他计划甚至把目光投向更远的年代，通过回交仍存活动物的现存基因，来回溯早已灭绝的动物。但 500 计划无疑是规模最大的。而在发生了有业务爱好者在毫无准备的情况下，把复活动物放回野外的"西伯利亚事件"之后，弗莱的项目也相对而言被认为是负责任的选择。

今天，她难得亲自到位于明尼苏达州的项目研究所视察。在前往目的地的路上，弗莱对跟在她身后的众多记者进行了回应，比如：

"500 计划不是占用了其他动物保护项目的资金吗？如果人们认为即便濒临灭绝的动物最终灭绝，你们也能把它们复活，这不会让人们对动物保护的世界更加漠不关心吗？"

弗莱叹了口气。*"他们总是问我相同的问题。"*

答案她早已烂熟于心，于是迅速低声回应：*"复活一个物种肯定要比保护它贵得多，因此我一直强调这个世界应当把更多的资金用在动物保护的事业上。但如果世界需要一个后盾，那就是我们这个 500 计划。嗯，我们所做的工作突出了复活物种的重要性和它所带来的喜悦，这势必会对动物保护事业有所帮助。"*

她并没有提及这个项目还会有额外收获，也许她累了。两年前，该项目研究出如何可靠地从成纤维细胞培养物中生产出诱导性多功能干细胞。这种重编程后的成体细胞可以分化成特定细胞。他们利用这种技术制造生殖细胞，从而实现复活。不过同样的技术也可以帮助增加高度濒危物种之间的遗传变异性。

有时候，帮助会以另一种方式得到回报：由动物保护界进一步开发的细胞重编程和表型模拟工具让该项目在设计最佳代用链方面取得了重大突破。同样，该项目的圈养繁殖计划，其灵感也是源自动物保护领域。对于成功被复活的灭绝动物，没有亲代的抚育教导，想要在外面的世界立足并不容易。

车刚在研究所门口停稳，弗莱便下了车，大步走了进去，同时用熟练的答案应付跟在身边的记者。她知道这里的科学家们正在与内源性逆转录病毒做斗争，这些病毒隐藏在基因组所谓的非编码区域内。这种病毒很麻烦，它们经常"一跃而出"，成为外源性病毒，对附近的基因种造成破坏。病毒大流行的风险让各国政府无法坐视不管，纷纷出台新的基因安全法规，从而使得"数字"的进展更加缓慢。

会议室里，人们唇枪舌剑。黄教授（Professor Hwang）认为，识别和阉割病毒方面仍有很多工作需要去做；丘奇教授（Professor Church）不甘示弱，提出病毒也是基因组的重要组成部分，如果去掉病毒，我们无法得知究竟会发生什么。弗莱对这些观点考虑了一番，最后告诉黄教授，他有 4 个星期的时间。在那之后，她将会向世卫组织施压，要求支持。

一如进门时的脚步如风，她出来时同样动作利落，眼睛在眼镜背后迅速浏览。很快就会有一个重大消息宣布：在经历了各种流言和传说之后，一头活长毛象即将出现在世人面前——这是"500 计划"规则一个明显的例外。很难想象还有哪个灭绝物种能比长毛象更具代表性，此举必将给项目筹款带来巨大的推动力。弗莱已经计算好可能增加的资金，并开始提前考虑下一个问题：该把长毛象安顿在哪里。袋狼非常幸运，一复活便有可以接纳它的生态系统和环境。但并不是所有复活物种都如此幸运。长毛象需要大量空间进行活动，而她不确定加拿大人是否会给她足够的空间。

她用手指敲了敲车窗，又看了一眼拟建的阿森松生物群落之一的模拟图。这个计划似乎很奇幻，在一颗被掏空的小行星内建立一个生物圈，未来 30 年内似乎都很难实现。但话又说回来，在袋狼复活之前，人类对于复活灭绝生物也有类似的感觉。"我们得看他们能不能把生态系统建好。"她怀疑地说。她向法国国家太空研究中心的一位专家发送了一系列问题，得到的答案让她皱眉。"我真是受不了这些人，只是为了让游客感觉更有意思什么的，就在小行星引力上做手脚。"

这里还有一个问题。美国方面对这个项目兴趣越来越高，他们认为此举可以恢复大平原的生态环境，但欧盟方面却兴趣寥寥。弗莱认为，这是因为欧洲人已经忘记了荒野的样子，那片大陆已经被驯化太久了。"他们认为乡村就是自然，所以无法想象把任何一个我们复活的物种放在那里。"

回去的路很漫长。在小睡一会儿之前，弗莱通过眼镜浏览，从一个地区到另一个地区，查看研究进展。在亚利桑那州，她停了下来，点击进入，仔细观察一只刚出生的原牛，它是家牛的祖先。小原牛站立不稳，跌倒了一次又一次。外面的科学家们关切地注视着它，随时准备进去帮忙。但小原牛还是爬了起来，终于迈出了一步。弗莱露出笑容，很短暂。然后继续前行。

巴别弧

THE CURVE OF BABEL

英国 | 迪恩森林 | 2029 年

我刚刚乘坐一辆相当迷人的蒸汽火车——它拥有烧煤的许可——来到迪恩森林贝肯赫斯特的住宿区。今天的雨似乎停了，我非常感激，因为我正在沿着雕塑小道散步，尤其是我还看到了一件特别的东西：巴别弧。

巴别弧出自雕塑家爱丽丝·辛格（Alice Singh）之手，我很高兴她同意用她自己的语言和我谈论它。这件弧形雕塑因为语言而变得独特，上面镌刻着数百种语言的文字。它们在千百年来为人们所用，有的仍有人在用，有的已经消亡。

2029 年，全世界使用的"活"语言有 5000 多种。英语、汉语普通话和西班牙语是人类的主要语言。即使中国已经崛起，英语仍是贸易、科技和政治领域的国际语言。与此同时，各式各样的媒体都在从实体向数字转变，使得每天都有大量内容被搜索引擎和语义引擎编入索引。这些信息汇总成为一个不断扩大的语料库，从而不断提升机器翻译进行"暴力破解"的能力，即把未知文本中的单词和字形与人工翻译文本中的单词和字形进行关联。

不过还有一小部分在线内容是由人类翻译的，大多是政治声明、法律文本、新闻、流行书籍、电影、电视节目和游戏。这一小部分

给 91 件未来事物写历史

内容本身不算少，但也无须再配备专门的译员。于是"巨龙"和"巴比伦"等公司开始与大型多人在线语言教育公司开展游戏合作，让玩家翻译内容，以换取免费的内容访问和虚拟货币。

这一进程并不完美，但结合更加智能的翻译和语音识别形式，语音机器翻译的水准得到极大改善，一秒内便可得到准确率在99.8%以上的翻译结果。只要有点耐心，它的速度完全可以用于对话。对此，爱丽丝·辛格有这样的观点：

我很喜欢巴比伦。我记得在缅甸度假时，我直接就走到了车站旁的一些人身边，和他们聊天。我通过项链上的巴比伦程序把自己的话翻译成缅甸语，而对方的话很快就用还算能听得懂的马来语传了回来。那人跟我一样惊讶。回想起来，速度确实有点慢……现在有了同声传译，效果好得多。

我们现在就在巴别弧旁边，它是一条由亚灰色金属雕刻而成的扭曲丝带，始于地面，稍低于头顶，坐落在一小块空地里。从远处看，雕像的表面似乎有些斑驳，不过走进仔细观察，你会发现它完全被文字和符号覆盖。最大的字符有几十厘米高，但被缩小到几毫米，甚至更小。最小的字符只有几微米，需要借助精密的光学仪器才能看得到。我让爱丽丝解释了一下这个雕塑的意义：

在这些翻译系统出现之前，很多人担心世界上最后会只剩下两三种通用语言，比如汉语普通话和英语。语言灭绝也不是新鲜事，比如伯尼里语和乌斯库语都已经消亡。不过灭绝的速度可能会大幅加快，这是一种非常"人类世"[1]的趋势。

当巴比伦程序出现时，这对于那些区域性的小语种是件好事。人们可以继续使用这些语言，把它教给孩子们，同时又不必担心他们会被排除在世界文化之外。自动翻译可以帮助他们用自己的声音和世界其他地方交流。

但凡事总有利弊。在我看来，巴比伦导致了一个新问题，或者至少是一个不同的问题。自动翻译很棒，可它无法代替对于一门语言的掌握。即便它充当了这样的功能，也会导致人们在写作和交流的过程中偷懒。你会看到，有的人在用他们的母语写书、制作电影或游戏时，会采取一种更容易翻译成英文的风格。我对此非常遗憾。他们是在限制自己。

因此，"巴别弧"就是对这种现象的回应。它上面有539种来自不同语言的短语，这些短语都很难翻译，需要在掌握语言本身的习惯或独特的文化特色的前提下才能理解。例如芬兰语中的"kirjoitella"[2]就无法翻译成英语，因为英语中缺少相应的语言范畴。再比如意第绪语中的"makhatunim"[3]，在英语里也找不到能和它相对应的单词。巴比伦在这些短语身上会栽跟头，至少最初的版本是这样。我想直到今天，人工智能也很难对付那些相对晦涩的语言。当然，这让我的生活非常艰难。我会说6种语言，不过我仍然需要依靠母语收集者为我贡献其他533种语言中的短语。

---

1. 人类世（Anthropocene），一个尚未被正式认可的地质概念，指地球最晚近的地质年代，并没有准确的开始年份。此概念强调人类活动对整个地球造成的深刻影响，以致于足以成立一个新的地质时代。——译者注
2. 意为"经常写"，这个词相当于动词"kirjoittaa"加上频繁态（frequentative）词缀"-ella"。其中"频繁态"为芬兰语中独有的语言范畴，表示经常持续的并不十分以目的为导向的活动。
3. 指某人孩子配偶的父母，类似汉语中的"亲家"。

爱丽丝是对的。当自动翻译遇上巴别弧上的短语时，多半只能胡言乱语。如果我想要理解它们，倒是可以查阅注释，但就像爱丽丝说的，那些解释只是真正理解的影子。

如今，巴别弧已经成为语言学家的朝圣之地。它还激发了其他众多艺术作品，表达每一种语言发展的独特性。

"有人认为，'巴别弧'是在反对翻译。它的本意一定并非如此。总的来说，我很高兴现在有了像巴比伦和巨龙这样的自动翻译器。在它们出现之初，人们的交流突然顺畅无阻，导致一些丑陋的情绪四处蔓延，但也缔结了新的友谊。我想，能让大家直接交流，总比通过中介更好。"

每隔几年，爱丽丝都会重回故地，用协助者新贡献的短语给雕塑"更新"。今天，她准备添加第 540 种语言。她希望只要条件允许，她能够不断回到这里，而且总有新的语言可以添加。

《玻璃世界》

THE WORLD OF GLASS

在《玻璃世界》里，作为"玻璃网络公司"的首席执行官艾丽卡·林（Erica Lin），你将在某个时刻面临游戏中最重要的选择。这个时刻会在你的增强现实（AR）系统——一个通过眼镜或隐形眼镜将信息和界面叠加在用户实际生活场景之上的系统——中的用户数达到 5 亿时到来。而你的选择有可能改变这些用户的生活。让我们进行一次模拟——我有一个进度刚好的存档——来看看这个选择究竟是什么。

开放 vs 封闭，优质 vs 平庸，财富 vs 幸福。这是玻璃网络信息系统设计的一组选择。看似简单，但想要理解它，我们需要对玻璃网络和它颇具影响力的增强现实协议有更多了解。

到 2020 年代末，随着平视显示仪从怪异、脆弱的私家装置，逐渐发展成廉价且不可或缺的日常工具，个人、组织和企业通过虚拟或增强现实界面进行互动变得非常普遍。起初，这些界面通常会有一些物理现实作为基础，比如商店会把价格信息叠加在自家的墙上和橱窗里，只是因为这样做会让用户感觉亲近。

但并不是每一个想把增强现实界面叠加到这个世界上的人都拥有相关的物理不动产，这就意味着他们需要把界面叠加（或者说"背设"[1]它们）到属于别人的空间上。普遍的选择包括广告牌、海报、纪念碑和公共建筑——所有这些都可能被转化成学生的艺术作品集、大型多人游戏入口，或是政治集会的现场视频。

问题是，任何一个可用的物理空间，都可能有数百甚至数千个增强现实界面和媒体同时投放在上面。在这些界面中穿梭会让人非常沮丧。同时打开它们，你将面对噩梦般的斑斓色彩、对象和动画的组合，直到你的眼镜因处理器不堪重负而崩溃。

关于如何解决这个问题，人们有两种观点。一种观点的支持者是开放增强现实公司（Open Augmented Reality，OAR）和 Sopol（当时最大的 AR 技术集团），他们认为应当允许所有人在他们喜欢的现实场景中创建、背设界面。然后，OAR 会根据用户的喜好，向他们推荐、展示他们认为相关度最高的界面。

这个开放度相对较高的系统，很快被艾丽卡·林的玻璃网络击败。林的团队一直是市场的开拓者，他们开发了一个更具吸引力、简洁高效的增强现实系统——作为一种与电脑交互的全新方法，这并不是什么难事。在玻璃网络的"私家花园"生态系统下，新的界面在创建之后，需要经过系统审核才能被玻璃网络的用户看到。比起业余爱好者制作的界面，玻璃网络更支持高品质界面，同时他们也保护了不动产业主、广告商和品牌的利益。最终的结果是，较之OAR 和 Sopol，玻璃网络所提供的用户体验更干净、更统一，但无比封闭。

这场战争一度似乎会以类似过去其他开放与封闭平台之争的形式进行，如 2010 年代的网络巨头与智能手机应用之争。大多数专家认

---

1. 背设（ground），即为界面设定特定背景。——译者注

为，OAR 的开放方式会让他们占据大部分用户，尽管不一定能从中获益。但这次情况却有所不同。以往的平台大战都发生在互联网这样貌似全新、纯数字的空间当中，但增强现实却与现实的物理世界有关，也因此和诸多经济、政治影响密切关联。

在增强现实技术诞生之初，这些影响并未受到过多重视，当时它只是一种猎奇的玩具，而且成本高昂，并非一种高度应用的工具。但随着时间的推移，很多人开始担心增强现实会完全由商业公司主导，使得这种媒介重申人们对公共空间昔日观念的潜力被掩盖。对此，社会历史学家安德烈娅·加洛韦（Andrea Galloway）阐释道：

人们很难想象有多少公共空间——我指的是世界各地的街道、集市、广场和公共交通路线——在 21 世纪初被中标者纳入自己名下。增强现实提供了收回公共空间的承诺，而且人们无须花费金钱来购买实际不动产。因此，它对当时根深蒂固的大企业和资本所有者构成了极大威胁。玻璃网络应该是站在大企业一边，而 OAR 和 Sopol 则站在大众一边。

这就回到了《玻璃世界》里，扮演艾丽卡·林的你所面临的选择。在 2030 年，玻璃网络是世界上最大的增强现实平台，是风险投资者和广告商的宠儿，但很明显，公众对他们的反对也愈发明显。

你可以选择让玻璃网络继续作为一个有利于企业利益的封闭生态系统存在——并在这个过程中赚到数十亿美元——或者采用和 OAR、Sopol 相同的开放协议。一边是财富与名望，另一边是对公众的馈赠。

在现实中，玻璃网络始终作为一个封闭的生态系统、一个"私家花园"存在，多年来持续为用户提供流畅、简单、受限的使用体验。包括 OAR 在内的其他增强现实平台则致力于以为公众提供自由表达为基础与之竞争，但始终难以撼动玻璃网络的地位，无法从那个华丽的世界中夺走任何市场份额。直到 2030 年代末，Reserval 通过开发由人工智能驱动的共识环境（consensus environments），实现了增强现实界面从个人到群体的智能融合，从而一举将玻璃网络拉下神坛。

每个玩家都会做出不同的选择，但如果说《玻璃世界》能够带来某种启示，那便是最终在 21 世纪后期，共识基础政治的整个历程绝非坦途，个人对世界的认知和选择所产生的涟漪，会对所有人造成影响。

结构光
STRUCTURED LIGHT

地球 | 2030 年

光有很多种。

有来自太阳的光，是光波与粒子在真空中荡漾 499 秒后的冲刷。触碰到我们时，它的黑体辐射已经折损，紫外线被我们的大气层吸收，蓝色被空气散溢四周。它的力量仍旧足以维持生机，驱动燃烧。但它是移动的静止，混乱且无信息。

有来自生命的光——萤火虫、水母、乌贼的光，这些光是荧光素和荧光素酶引发的火焰。它能伪装、沟通、警告、照明。它很强大，已经进化了超过 40 次。但这种光并非为我们而来，我们的理解无关紧要。

有我们为自己的眼睛制造的光。这是一个关于商业与智慧、毁灭与发明的百万年故事。它的用途显而易见，源于附带甚至仅仅是恼人的动作——钨丝的振动、LED 的脉宽调制。

还有我们为他者的眼睛制造的光。

它由在世界上穿行的交通工具发出，尽力照射到每一个视线所及的平面。冻结这种光，会显示出一个复杂的连续波，频率被调制，距离和速度的信息会被传送回发射器。这种光的结构会显示出其他信息要素，只有在极其复杂的交通环境中以极快的速度运送珍贵物品的交通工具才需要用到这种视觉。尽管混乱中会有千百条光线相

114　　　给 91 件未来事物写历史

交，尽管这种光的结构很微妙，但它足够坚韧，能够在混乱中显现。制造它是为了安全传输它的珍贵信息——一种独特的波，永远独一无二。

它来自天空，是一道光幕，飘过丛林、海洋与城市。它穿过森林篷盖似的树荫，一而再再而三地被树叶散射，然后才回归天上的源头，而它飞行的时间将揭开大地的真相。不只是此刻的真相，昔日的蛛丝马迹同样会因信号的微妙起伏而泄露。也许，能够在千年之后讲出自己始终保守的秘密，对于土地而言也是一种解脱。

它在我们眼前，以红外线网格的形式爆炸开来，被我们的鼻子、脸颊、下巴、微笑的轮廓所扭曲，随后它将被仔细审视，与更年轻的你进行比对。你不断变化的脸庞是你的通行证；它为你验明正身，每天上千次。

我们把世界浸没在结构光之中，因为我们渴望了解这个世界的真实面目，以便执其权柄。单一的快照只能提供一个凝固时刻的世界，仅靠它来导航、建造或是验明正身都是不够的。我们想要更多信息，关于每一天、每个小时、每一次心跳、每一次眨眼。永恒的照明。

这其中，有一种混沌之美，是模式、频率和信号的粗暴叠加，却不知何故未受干扰。这种美永远不会被我们自己或是我们的任何造物看见，它只会出现在作为全体的它们的眼中。

理解这种美，就相当于理解了整个世界。

《天下》

TIANXIA

中国 | 上海 | 2030 年

　　你想回到多久之前？回到 15 万年前的冰河时代，让世界气温提高几摄氏度，帮助类人猿走出困境？或者是 6500 万年前，去略微改变那颗小行星的运行轨迹，让它避开地球，从而避免大灭绝？去 14 亿年之前对地球大气进行微调，让它保持平衡怎么样？再或者是 30 亿年前，改变地表之下的岩浆流，从而重塑大陆形状？甚至是更久远之前，去改变那些超新星散落的原子，正是这些原子最终凝聚成了我们的世界？

　　我手里有一个虚拟世界，可以随意改变它。这就是《天下》。

　　2032 年到 2034 年，《天下》是世界上最流行的娱乐方式之一，吸引了 4 亿玩家和 20 亿观众。有一段时间，它甚至占据了全世界信息处理能力总和的 6% 以上。有人赞扬它是我们对于行星科学、地质学和进化论认识的一次革命，但同时也有人斥责它是一种转移注意力、别有用心的伪科学。

　　《天下》源于一项学术调研，这一点并无争议。2030 年，上海理工大学一个由韩斯特教授、3 名研究生以及 7 个专家系统组成的增强团队，正在对郑和轨道望远镜的数据进行分析。该团队试图了解一组 65 颗类地行星的形成，以及它们是否可能孕育生命。他们所选择的策略很简单：让时间"倒退"几十年，对这些星球所经历的物理和化学进程进行模拟。为了将需要进行的近乎无限的模拟次数简化到可控的数量，韩教授的团队在星系动物园科学联盟（Zooniverse）网站招募志愿者，参与模拟进程，定期筛掉那些明显"无生命迹象"的星球。

尽管韩教授的团队创造了有史以来最复杂、最细致的模拟游戏，但大众对此并不感冒，因为软件本身并不友好。直到一位颇具进取心的爱好者重新整理了代码，加入了更为明确的游戏机制，对图形引擎大幅升级，并且把这个项目更名为"天下"，人们的兴趣才被大大激发。

为了理解《天下》的重要意义，我采访了模拟历史学家埃丝特尔·伊根（Estelle Egan）：

在今天看来，它可能只是个粗糙的玩物，但在 2030 年代，《天下》为玩家提供了一个契机，让他们可以创造自己的微缩世界。从星际轨道到河流、树木和动物，这个世界可以提供无数惊人的细节，而且都能够经得起推敲。这也许是第一款可以完全兑现诸如《孢子》《魔兽世界》等早期游戏不切实际的承诺，即为玩家提供一个可控的、高度复杂化的鲜活世界。

与之前的游戏不同，玩家通常不会对自己创造的世界的细节进行管理。大多数玩家更愿意设定初始条件，然后观看模拟世界的发展，只是偶尔进行干预，比如引导一颗意外闯入的小行星离开，或是避免冰河时代杀死自己喜欢的某个物种。最优秀的玩家能够利用自己孕育的世界的"趣味性"吸引观众（和金钱）。例如一块贫瘠的、一成不变的岩石，肯定不如具有功能稳定的生态系统的岩石受欢迎。

《天下》随后连续推出补丁，为地质和环境系统增添了更多细节，以及可能最受欢迎的"代理人"模拟模式——于2033年推出，允许玩家在游戏中创建基本社会。运行《天下》模拟需要很长时间，你的世界可能会自己选择开战，或是先进到能够运行他们自己的原始模拟的程度。其他补丁还包括不同寻常、幻想风格的行星，例如环形世界、轨道体、戴森球体，以及对光速和重力的种种调整。不过，大多数玩家还是倾向于在游戏中模拟与地球相近的行星，沉醉于自己和朋友们创造的丰富多彩、复杂多变的世界之中。成千上万的玩家还能够通过分化与改造，将《天下》中的美丽新世界卖出，赚到不菲的收入。显然，此时的《天下》早已偏离了它最初的学术目的，它的创始人韩教授甚至拒绝承认这个游戏的存在。

为何《天下》会受到如此追捧、如此引人入胜，而且能够从那些年主导游戏业的无数真人角色扮演类游戏中脱颖而出呢？伊根给出了一些见解：

《天下》是一款恰逢其时的游戏。当时人类刚开始领悟到作为自然掌控者的地位与意义。我们打算着手开展改造地球的世界工程项目，认为可以借此修复海洋和大气层。我们凝视着银河系中成千上万个世界，认为我们能够捕捉它们的过去与未来。我们以为我们已经理解了这个世界，因为我们能够把它模拟出来，将它可视化、模型化。

但实际上，这些模拟并不能反映现实，跟它所承载的现实规模相去甚远。它只反映了我们的傲慢，而我们很快就认识到了这一点。

然而，在那场灾难发生之前的短暂时刻，人类放松了下来。4亿玩家想起了那些言语，"太初"[1]，而他们创造了天地。

---

1. "太初"（in the beginning），即《圣经·创世记》的首句，后一句为"神创造了天地"。

谈判代理
NEGOTIATION AGENTS

这个界面看上去只是一个简单的模仿脚本，但它代表了人类利用外部计算能力进行日常决策的进一步改变。

设想一下，有一家公司——我们不妨叫它"阿尔法"——发明了一种革命性的计算机芯片，足以令一些人变得极其富有。但就在这款芯片公布后几天，另一家公司——贝塔公司——发布了类似的芯片。

在阿尔法公司看来，两款芯片不仅仅是相似，后者显然是基于专有机密信息，对前者的彻底复制。他们认为是最近一位从阿尔法公司离职的高级员工窃取了机密信息，并将信息转卖给了贝塔公司。阿尔法公司起诉了贝塔公司，于是就像以往的诉讼一样，双方通过证据开示程序，从对方那里寻求证据。

现在，想象你是阿尔法公司的委托律师。根据你的要求，贝塔公司发来了以下资料：

——文本文件，总计 523MB。

——录音文件，总长 7492 小时。

——视频文件，总长 4830 小时。

——其他文件（包括逆向工程 3D 模型、模仿脚本代理、公司服务器日志、生物识别数据等），总计 5.3PB。

　　你要如何在这浩如烟海的资料当中进行筛选，找出有价值的内容，构成证据链条？在 21 世纪初，这些资料至少需要上百名熟练律师，花上几十个月的时间才能浏览一遍，更不用说还要理解其中的意义。即便如此，他们也有可能会错过重要细节。

　　幸运的是，现在已不是 2010 年。现在是 2030 年。你可以使用完全能负担得起的人工智能代理，对资料进行自动扫描，获取有意义的内容总结。如果资金充足，你还可以聘请增强团队，对结果进行分析，并由此获得关于下一步策略的建议。

　　然后呢？你还需要做个选择。如果精通技术，你可以选择一个法律系统，让律师们布置模仿脚本和增强团队。但如果想节省时间和金钱，你可以试试谈判代理——一种人工智能系统，可以帮助达成令谈判双方都感到满意的协议。

　　现在，我们需要了解谈判代理的起源。2020 年代，完成统一的韩朝政府组织顶级科学家、律师和工程师，着手修复该国原本就缓慢而烦琐的法律体系——统一无疑令这一体系更加捉襟见肘。为了模拟提议解决方案的结果，他们对东盟（Association of Southeast Asian Nations，ASEAN）在碳信用僵局危机期间使用的谈判系统进行了改造，将其打造成第一个公认的谈判代理。很多人把韩朝统一后法律改革的成功归功于谈判代理，这一技术也不断被改造，以适应其他国家或其他情境的应用。

　　而最近，谈判代理得到了进一步发展，已经能够处理并权衡大量数据，其能力甚至强过增强团队。然而，人们在谈判中启用代理并不是因为它们更高效或是廉价，而是因为人们相信，它们是完全公正的。正因为它们并非人类，所有相关人员都相信，谈判代理不会收受贿赂、遭到胁迫、全然公正。这样一来，即便是在诸多方面都无法达成一致的当事人，也会同意让经过认证的开源谈判代理介入。

当然，在此时，你的客户阿尔法公司也可能不同意使用代理。他们可能思想老派，认为人工智能无法顾及他们微妙的立场，或是担心它们不会尽力而为。当然，他们的看法是错误的。只要提供你所推荐的谈判代理过往的谈判记录，他们就会心悦诚服——尤其是当你指出这一选择能够节约多少资金的时候。

最后，该你上场了！在所有对谈判代理、模拟脚本和增强团队工作成果进行总结的场合，仍需要普通人类的参与。阿尔法是一家传统公司，他们不喜欢和谈判代理直接沟通，和你交流则没有问题。你的工作就是在两者之间充当友好的生物界面。毕竟，这是人类最擅长的事情：和其他人类交谈。

阅览室

READING ROOMS

要理解 21 世纪初书籍在传播知识与思想方面的角色变化，我们需要对阅读经验本身进行考察。 让我们来看一看当时对澳大利亚墨尔本的福斯特书店及其阅览室的这段描述。

2030 年代，由于送货机器人及网点提供的家庭购物体验更为优越，墨尔本的城外零售中心和商场纷纷倒闭。 理查德·福斯特（Richard Forster）是一位小有成就的小说家，他利用实体商铺空间过剩的机会，和几百位合资者一起，买下了一家废弃的超市，并将其改造成书店。

福斯特书店提供了现如今人们所期待的一系列常规服务，包括快速定制加工、作家订阅和远程书友会。 不过，这家书店提供的独特付费会员服务，才是其成功的关键。 福斯特书店并没有和亚马逊的全面阅读定制服务展开竞争，而是专注于为会员提供具有更高价值的实体服务。 这些服务包括更长的实体书籍借阅时限、优先获得图书管理员的研究协助和个性化推荐服务、提前预约读者见面会、阅读治疗，以及进入书店阅览室的权限。

当代社会有无数干扰和媒体媒介分散读者的注意力，很多人想要读完超过 100 页的书都很困难。 阅览室便是为了杜绝这些干扰而存在的。

这里的阅览室分为三种：

普通阅览室要求读者将所有非紧急提醒和通知全部静音，但允许其他方面的合理放松。

静音阅览室不仅要求读者将各类提示静音，同时还通过有限用户的权限授予，限制了游戏、视频、语音留言等多种活动。读者只能每隔 30 分钟进出一次。

最后是高级阅览室，这里禁止一切与阅读无关的活动——甚至是使用默信，同样是通过设定用户权限的方式。读者只能每隔一小时进出一次。

作为建议，对于读者，尤其是年纪较小、阅读经验较少的读者，应当每隔几周进阅览室阅读一次，逐步适应，而不要直接进入高级阅览室。如果无视这个建议，很可能会给自己以及周围的人带来困扰。不过，这里读者和图书管理员之间融洽、宽容的氛围，同样有助于传播良好的阅读习惯。

据说还有一个超高级阅览室，位于一个法拉第笼当中，阻断了一切电磁传输。除了实体书籍，其他媒介都被禁止进入。阅览室的门每隔 3 个小时才会开启一次。超高级阅览室被视为"书店传说"，至少不是很实用。

阅览室的受欢迎程度使得福斯特书店一度只能以抽奖的形式向新注册会员提供权限，直到他们开始布局分店。这种需求代表了墨尔本市民的渴望，他们渴望每周能抽出几个小时作为"思想空间"——这种渴望在全球范围内的"世俗安息日"（Secular Sabbath）以及"慢科技"（Slow Tech）运动中得到了更为普遍的体现。

在福斯特书店，这种渴望则直接集中于深度阅读——这种技能濒临消亡，但永远不会被彻底遗忘。

SAGA 舰队第 59 号重型飞机紧急呼号

PAN-PAN-CLIMATE SAGA FIVE-NINER HEAVY

澳大利亚 ｜ 爱丽丝泉 ｜ 2031 年

爱丽丝泉的飞机骨场是一个双色调的世界，以白色的地平线为界，蓝天与红土分庭抗礼。 这里干热的气候很适合露天保存飞行器。我的左手边是上一代的应急救援无人机，按整齐的网格状排布；右边是一片由重型升降货机组成的丛林。 如有需要，这些飞行器都可以立即投入使用。 这里是骨场，不是坟场，存放在这里的飞机都会被精心维护、定期检查，尤其是我面前的这架。

当然，你之前可能见过这架飞机。 它极具辨识度：机翼细长，翼盒采用了硼纤维复合层压板，还有能够减轻机翼负荷的伸缩式支杆。 它宽大、厚重的机身俯首前倾，像是为自己名声在外感到尴尬。 在它后面，是 169 架一模一样的飞机，由 16 国联盟（Sixteen Nations Alliance）建造。 它们共同组成了人类历史上最为辉煌的飞机舰队。

2028 年，席卷整个中亚及南亚的热浪造成 17.1 万人死亡。热浪致人死亡并不是什么新现象，但如此大规模的暑热期仍属首见。 科学家认为，至少在一定程度上，是气候变化加剧了这种季节性灾害。

到第二年，死亡人数达 46.7 万人，仅印度一国就有 25 万人丧命。 这一年的气温仅比前一年略高一点，但灾难性的巧合是，每当热浪来袭时，大面积停电便接踵而至，导致数百万人的空调失灵。

大多数死者都居住在人口稠密的城市地区，那里的沥青和混凝土形成热岛。几乎所有死者年龄都在 50 岁以上，并患有慢性病——他们是最缺乏自救能力的群体。而在印度这样具有尊老传统的社会，这难免导致群众义愤填膺。

这架特殊的飞机——马塞利斯号，建造于 2031 年。目光越过机翼，你很难不被它巨大的发动机吸引。对于本就不大的机身而言，它的发动机组甚至显得有些庞大。4 台发动机能够为它提供超过 200吨的最大起飞重量，并能达到比当时普通客机高得多的飞行高度。如果之前没见过这架飞机，你可能会想爬进去看一看，搞清楚它为何会有这样不同寻常的设计。但很遗憾，由于马塞利斯号实现了完全的无人驾驶，因此也没有为人类进出设计通道。

在 2029 年的热浪之后，印度政府几近崩溃。数百万抗议者要求找出解决方案。而在众多备选方案——空调补贴、人工干预天气、大规模移民安置——当中，气象工程似乎是唯一可行的办法。

当时已经有很多研究在讨论如何通过人工方法给地球"降温"。大多数国家都同意"缓慢调理"战略，即从大气中清除二氧化碳。但这一方法非常缓慢，预计需要几十年时间才能真正实现对气候的改善。对那些已经痛失亲友的人来说，这种做法无法令他们满意。

更快速有效的策略也是存在的，但在该由谁为具体何种费用买单上存在分歧，而且更关键的是，由于人们对地球工程项目失败的风险普遍感到担忧，这些项目基本都被无限搁置。

印度选择重启的项目是太阳辐射管理，将更多太阳光反射回太空，从而使地球冷却。有人称之为"全球暗化"。

2029 年的"冲撞地球工程计划"由印度和澳大利亚主导。两国没有时间实践像"太空镜"这样异想天开的概念，尽管理论上那些概念更加廉价安全，但需要全新的工程尝试。两国更倾向于贴近实际的解决方案，可以即刻进行部署。为了寻求这样的方案，科学家们开始向自然界寻求帮助。更具体地讲，他们关注到了火山。

1815 年，印度尼西亚的坦博拉火山爆发，向大气喷射了 60 兆吨二氧化硫，造成了 1816 年的"无夏之年"。二氧化硫与水蒸气结合形成硫酸，再凝结成硫酸气溶胶。这些气溶胶吸收了太阳辐射，在地球表面形成了短暂的急剧寒流。尽管这给世界带来了痛苦，包括数万人因歉收和饥荒而死亡，但向大气中注入二氧化硫却完全可以成为一种解决气候变化的自然方法，与太空镜之类的人类工程殊途同归。尽管两国政府承认这样做可能带来不利影响，比如臭氧损失，但这被当成积极的一面。毕竟，人们至少知道问题出在哪里！而且这些影响只是暂时的，硫酸气溶胶在空气中停留的时间不过数年。

战略确定，但仍有细节问题等待敲定。在印度、澳大利亚及其他有关各方（很快变成世界其他国家）之间进行完紧张忙乱的秘密外交之后，计划的目标确定为将太阳能每平方米减少 2 瓦，这相当于令全球表面温度降低 2 摄氏度。位于印度浦那热带气象研究所的普拉蒂什 8 号网络负责确定将所需的二氧化硫扩散到大气中的最优方案。接下来便是筹措资金。

出人意料的是，整个项目所需的资金仅为每年不到 100 亿美元——考虑到所能获得的效益，这点资金简直微不足道。资金主要由 16 国联盟负责承担，印度再次牵头，同时来自富裕国家的个人捐款也占据了可观的份额。实际上，富裕国家政府对释放气溶胶这一计划普遍感到不满，他们担心由此产生的风险难以控制。但 16 国联盟明确表示，他们将这一计划视为生死攸关的决策。实际上，任何阻挠这一计划实现的行为都将被视为战争行为。

这座飞机骨场中还有一支规模较小的独立飞机舰队，同样属于16国联盟。这支舰队由27架经过改造的湾流 G 650 和 G 750 公务机混编而成。从彼得号和库利克号开始，这些飞机被用于飞行试验，将二氧化硫喷射到对流层下层，同时还有无人机群一并升空，进行研究观测。实际上，这些飞行本身取得的成果不多，但对于鼓舞士气至关重要。与此同时，新机型开始投入研发，专门为高扬程及高空作业而设计。这些飞机将会足够强大，能够使用布雷顿循环燃烧器和催化转换器，将元素硫原地转化为硫酸盐，这种创新工艺可以将有效载荷要求降低一半。这些飞机后来被命名为"平流层气溶胶地球工程飞机"(Stratospheric Aerosol Geoengineering Aircraft)，更为世人熟知的名字则是 SAGA 系列喷气机。

作为这一计划的主力军，SAGA 喷气机采取的都是当时最可靠的技术，而且经久耐用。最终，由170架 SAGA 喷气机组成的飞机舰队每天进行近300次飞行。每年，它们负载200万吨单质硫升空，通过机载转换器成500万吨硫酸气溶胶，然后散布在19000米高空。它们从印度、智利、阿尔及利亚、肯尼亚、马来西亚和澳大利亚起飞，覆盖大片热带地区，在完成气溶胶喷射任务后迅速从世界各地上空呼啸而过。

从2031年至2039年，SAGA 舰队释放了40多兆吨硫酸气溶胶，抵消了近1摄氏度的地表升温，无疑从随后的热浪中拯救了数百万人的生命——尽管还是有数百万人因此丧命。根据预期寿命，这支舰队至少应当服役到2041年。这个计划为何提前终止了呢？

如果蹲在马塞利斯号的货舱下面，你仍可以看到烧焦的痕迹。袭击发生在2039年8月，当时这架飞机的呼号是 PAN-PAN-CLIMATE SAGA FIVE-NINER HEAVY——"重型"飞机、SAGA

舰队第 59 号,"PAN-PAN"代表的是当时的紧急求生状态。这些痕迹来自一次无人机激光袭击,目的是令马塞利斯号的科学仪器和光学导航系统失灵。袭击成功了。马塞利斯号在阿尔及利亚紧急迫降,所有进一步的飞行活动都被立即叫停,等待调查。

实际上,在袭击发生之前,包括美国等国在内的国家阵营认为,16 国联盟的地球工程计划弊大于利。"全球暗化"所带来的结果对大多数国家都有帮助,但代价是深海和极地海洋的持续变暖,进而导致冰盖不断融化(尽管速度较慢),再加上臭氧的损失,这个计划已经变得得不偿失。

然而,引发第三次世界大战同样得不偿失。因此,为了避免不必要的敌对行动,反对这一计划的国家阵营事先已经将无人机袭击的消息通报给了 16 国联盟,同时承诺他们将进一步加快"缓慢调理"的碳封存计划,而此时碳封存计划已经取得了实际效果。于是,在 2040 年,16 国联盟宣布计划成功。SAGA 舰队开始了一场全球范围的亲善之旅,并最后一次在爱丽丝泉降落。

在 SAGA 舰队的所有飞机中,马塞利斯号是飞行距离最远的一架,也是执行计划任务的最后一架。有一段时间,它深受全球人民喜爱,但人们也很庆幸它不必再升空飞翔。

爱丽丝泉的这座飞机骨场并不是博物馆,也不是供旅游团或孩子们参观的历史遗迹。这并不是一处光荣之地。它可能体现了人类的智慧,但其实更应看作耻辱的见证——我们不得不以这样的方式,来拯救我们自己。

主动式服装
ACTIVE CLOTHING

英国 | 维多利亚与艾尔伯特博物馆 | 2032 年

按照 20 世纪末 21 世纪初西方文化的标准，人在理想状态下应当努力做到身材苗条、肤色黝黑、皮肤洁净无瑕。这些特征代表他们拥有健康、财富和自由，能够把时间花在休闲和身体管理方面——这种机会是地位较低的体力劳动者或办公室工作人员无法获得的。

但是，这些不够完美的人也并非完全没有希望。他们仍可以通过把有限的时间与金钱花在昂贵的健身房与饮食、日光浴和化妆品之上，向美丽的顶峰攀登。这些解决方案的广告和指令随处可见——杂志、报纸、网站、游戏、电视、广告牌、公共交通——所有这些都在展示刻意生成的"完美"身体形象。它们告诉你，若要获得爱与幸福，你必须保持美丽，而美丽就意味着瘦。

但情况并非始终如此。理想的体型标准在历史上一直不断变化。只要看看 20 世纪之前任何一件画作或雕塑，你就会发现，苗条的人往往会被认为是不够健康的。相比之下，那些权贵或富人大多身形壮硕，肤色较浅，因为他们可以待在室内工作，不像农民那样需要在农场里忍受赤日炎炎，而且总能吃饱肚子。

在 2030 年代初，很多文化依然热衷于对外貌的塑造。任何能够帮人们变得苗条或健美的东西——或者至少看上去苗条或健美——都将获得不错的销路，尤其是在它能迅速且轻松地帮助人们达成心中所

给 91 件未来事物写历史

愿的情况下。比如我从维多利亚与艾尔伯特博物馆借来的这件"主动式背心"。

对 2030 年代的人们来说，这件背心与传统的白色棉背心相差无几——只是更厚、更大，缺乏时尚感，但也无甚特别。不过当穿上它时，我能够感受到非常大的差别：它是可以活动的！现在，它正在慢慢收缩我的腹部，把我的躯干塑造成它认为一个男人理想的状态。

所有这些收缩和放松都是通过编织在背心面料中的肌肉等效电活性聚合物，以及薄而柔韧的电池来完成的。最初，这项发明并不是为了让人变得好看，而是解决一些生死攸关的问题。如果衣服可以对某一区域施加压力，意味着它能够自动减缓、阻止失血，这无疑能够在部队和紧急救护过程中发挥极大的作用。

但在这样一个注重形象的社会，你也完全可以想象这种背心在普通大众中间的受欢迎程度。数以千万计的此类背心销售一空，同时这一技术很快被应用在裙子、裤子、T 恤衫、牛仔裤上。不过平心而论，这种服装也不只是为了美丽。主动式内衣还为那些循环系统及肌肉方面存在问题的人士带来了真正的健康帮助。

到 2034 年，"下一代"主动式服装上市，能够为穿着者提供触觉"力"反馈。来自维多利亚与艾尔伯特博物馆的主动式服装专家纪颖（Chi Ying，音译）解释道：

我们都知道所谓的五感：视觉、嗅觉、触觉、听觉、味觉。在很长一段时间内，增加更多感官的尝试被认为是天马行空的幻想，尤其是在知道我们的大脑结构使其能够高效处理这五种感官刺激的情况下。

但是，我们的大脑并非一成不变——它具有"可塑性"，随着时间的推移，各个区域会自动调整其功能。这意味着，我们完全可以把新的感官映射在现有感官之上，比如感知北方或探测电磁场的能力。在触觉方面，我们可以将北方的位置映射在腰间的震动带上，利用我们对物理刺激的高度敏感，实现对方位的感知。

主动式服装厂商由此嗅到商机，开发出开源的触觉软件平台，相关应用程序开始涌入市场。当时流行的一款虚拟现实游戏《欲》便开发了一款附加功能，让伴侣可以通过细微的震动与收缩，感知对方的情绪和身体状态。紧张而急促的震动可能表明恐惧或愤怒，而缓慢的起伏则代表沉浸其中。其他应用则把游戏推向了现实主义高度，复制了被击打、拥抱或射击等动作的真实感受。主动式服装也不仅仅是一个单向的命题，对此纪颖解释道：

一旦你让一个人穿上了带有电活性聚合物的衣服，你就可以逆向测量衣服的变形位置和程度，确定他身体实时移动、吐气呼气、转动和拉伸身体的方式。如果他还佩戴了戒指或顶针之类的绝对定位传感器，你就能够对他的准确动作进行完美记录。除了显而易见的医疗及艺术目的外，这意味着人的整个身体都能够成为输入机制，而不再仅限于手和声音。

想象一下，在主动式服装出现之前，人机交互界面的粗糙简直令人惊讶。毫无疑问，我们的手和声音是非常出色的通用工具，但它们都有其局限性，无法应用于所有场景。创造出真正的"身体语言"，便可以让一套全新的、往往意义微妙的象形表情式姿态，与眼镜、隐形眼镜和项链结合使用。

不过，尽管实用性很强，但并非所有人都对主动式服装心存好感。

"要准确学习'象形—身体语言'并不容易。并非从这个年代成长起来的人们会认为，以如此精确的方式控制自己的身体与肌肉是很麻烦的事，由此便产生了一道名副其实的'服装鸿沟'，一边是年轻或擅长技术的人，另一边则是习惯于使用默信和平板输入的人。"纪颖指出。

而说到最喜欢使用身体语言的群体，那一定非婴儿莫属。身体语言的简化版来自婴儿的表达。他们能够通过身体语言来表达自己饿了、累了，或是感到害怕。主动式背带裤和上衣让大人早早就能理解婴儿的语言，从而帮助人类打破最为棘手的交流障碍。小宝宝们再也不用急着牙牙学语了……

复调黑客

THE CONTRAPUNTAL HACK

弗兰克·恩多耶（Frank N'Doye）是一位天才钢琴家和作曲家。2032 年，他已经为自己的第四交响曲《谷神》（Ceres）付出了半年努力，但他遇到了创作瓶颈。弗兰克决定先休息一下，听一听自己多年前创作的曲目。

"一按下播放键，我就感到不对劲。"弗兰克·恩多耶说，"这首曲子比我印象中粗糙了一些，变得急促。一开始，我以为是自己的错觉，或者我的情绪反应设置出了问题。但我越听越确信，这并不是我自己录的那首曲子。没人相信我，但最终证明我是对的，而且错误还不止这个。"

对两个版本进行比较，可以发现在 10 分 18 秒处有所不同。这是一个很微妙的差别，但从这里往后，改编的曲子的节奏与旋律便不再匹配。

弗兰克是发现"复调黑客"的理想人选。他不仅具有极其出色的听觉和过人的记忆力，同时还有一个习惯，他会在自己的工作室附近保留前云端时代的录音物理备份，从而能够通过交叉比对证实自己的怀疑。在确认了自己之前的作品确实遭到了某种黑客或病毒攻击篡改之后，他联系到一位从事安全工作的朋友塔拉·迪奥普（Tara Diop）。迪奥普回忆了接下来的情况：

我花了几个小时，终于确定了弗兰克的数据的微妙变化——不光是他的音乐遭到了篡改，其他信息也有 EB 字节级别的改写——是由一种全新的、未知的入侵因素造成的。

这个入侵者，后来被称为"复调"，绕过了弗兰克及其他数十亿人在云端存储和保护数据时所依凭的强大安全系统。尽管一些专家认为，这种攻击的发动不仅需要高超的技术，还需要国家支持，因此必定会留下痕迹。但复调的行动几乎是来去无踪的——不过又并非完全如此。

具体的操作如下：复调不仅在篡改用户数据时伪造了用户记录，还插入了令人难以置信的虚假使用模式。通过使用马尔可夫视差诽谤（Markovian Parallax Denigrate）功能，复调对数字记忆进行编辑，使得篡改入侵行为像是数据所有者自己的操作。到迪奥普公布了她的发现，并开发出检测复调黑客的工具之时，又有数十亿主机被发现感染。这是一次史诗级别的黑客攻击。

随后的突破来自委内瑞拉的独立安全研究员布鲁斯·卡布雷拉（Bruce Cabrera）：

我想近距离观察复调的活动，于是我在虚拟网络中为复调创建了一个蜜罐[1]，并运行了大约 1000 万次。有时复调会劫持用户的授权偏好，将资金和特权转移到不同个体身上。其他时候，它会继续借

---

1. 蜜罐技术（Honeypot），网络安全术语，指通过布置一些作为诱饵的主机、网络服务或者信息，诱使攻击方对它们实施攻击，从而可以对攻击行为进行捕获和分析，通过技术和管理手段来增强实际系统的安全防护能力。

助混淆操作的掩护，对存档信息进行各种奇怪的编辑。有几次，它甚至还创作出了水准不错的诗歌，或是通过专业级增强现实手段发出勒索要求。坦白讲，我一头雾水，我不知道它究竟有什么目的。

无论它的最终目的是什么，复调都在制造真正的灾难。它改写历史的能力造成了巨大的经济损失，并严重威胁到了未来的经济前景，因为人们开始对他们接收的信息失去信心。数以千计的研究人员和增强团队共同努力，才最终将复调从所有在线主机中剔除。随后数据重建的艰难工程历时数月。这次黑客攻击最终的损失估计相当于当年全球经济产品总价值的 0.4% 以上。

为防止复调卷土重来，或类似的攻击再次发生，各国政府规定所有易受攻击的主机都必须打好补丁；任何未打补丁的设备都会被标记为"不可信"，其通信将被自动忽略。2032 年 6 月 14 日，在有史以来最集中的一次计算机安全行动中，全球 1.4 万亿台主机在 48 小时内被打上了补丁——而且顺利完成。人们长舒一口气，回到以往的生活当中。

至于复调黑客本身，作为一次神秘的数据恐怖主义行为，没有明显的目标与目的，有关嫌犯的线索也少得令人沮丧。倘若不是 19 年后的一次偶然事件，一切本该在这里画上句号。

2050 年，塔拉·迪奥普正在对 810 万个网络安全传感器的日志进行检查——这是历史安全演习的一部分，与 2032 年的事件无关。在检查过程中，她注意到整个传感器群的电力使用量存在一个奇怪的峰值，而这个峰值几乎被完全隐藏了起来。向前追溯，她发现峰值时间与据说能够定点消除复调的固件补丁相关。可怕的是，迪奥普发现，在令设备免受黑客攻击的同时，这个补丁实际上让设备暴露在另一个完全不同的入侵者之下——复调 2 号。

不过值得庆幸的是，通过进一步调查发现，相比于复调黑客，复调 2 号的寿命很短，而且显然完全是良性的。在极短的时间内，它在 1.4 万亿台主机上执行了一系列短暂操作，之后迅速将自己删除。人们目前仍无法复盘这些操作，也无从得知这些操作有何目的，但可以肯定的是，这是一项需要具备密集、集中、广泛处理能力的分布式计算机才能完成的任务。

关于这一诡异事件的猜测，时至今日仍在持续。最令人着迷但无法得到证实的假说是，2032 年的事件，与娜拉达——这个人们眼中诡计多端的人工智能出现的过程极为相似。当然，娜拉达是不会说话的——复调背后的智能也不曾言语。

杀戮开关

THE KILL SWITCH

吉尔吉斯斯坦 ｜ 贾拉拉巴德 ｜ 2032 年

在吉尔吉斯斯坦内战的最后几天，阿斯卡尔将军的部队在贾拉拉巴德省的连续激战中被迅速击溃。大多数观察家认为，过渡当局是凭借兵力和物资优势击败了阿斯卡尔的叛军。这似乎有几分道理，但并不能解释这些已经顽强抵抗了两年有余的叛乱分子，为何会如此突然地崩盘。

后来人们发现，在收官阶段的战斗中，阿斯卡尔将军的部队成了47 个不同"杀戮开关"的目标。这些杀戮开关一旦启动，就会让部队的通信和无人机网络受到严重干扰。受困于组织不力，再加上眼镜和无人机充电舱因指令错误不断发生物理爆炸，阿斯卡尔的军队只能任人宰割。过渡当局趁此机会，派遣特种部队绞杀叛军精锐"绿色卫队"，生擒阿斯卡尔，从而结束了战争。

我面前有一副太阳镜，它原先的主人是一位名叫艾克尔巴耶夫的上校，此人为阿斯卡尔将军效力，是一名经验丰富的军官。这副眼镜具有薄薄的银色镜框和坚韧的塑料镜片——尽管并不时尚，但严格遵循军用规格，由韩朝统一体的 FPLS UK 公司生产。框架部分包含标准波导显示器、中央处理器、一块大容量硅合金电池，以及一组阵列麦克风。整个设备还为应对电磁脉冲干扰做了强化处理。

让我们和阿拉贡理工学院的彼得·胡伊卡（Pieter Juica）院士

一起，仔细研究一下这副眼镜：

从烧焦的痕迹来看，导致眼镜在几秒钟内被烧毁的直接原因是电池过热。幸运的是，当时艾克尔巴耶夫上校并没有佩戴这副眼镜，否则一定会造成人身伤害。过热的具体原因在于一块特殊的隐藏芯片，位于右眼镜腿前端。官方的原理图或制造模型上都没有这块芯片，只有经过仔细的科学鉴证，才能发现它的存在。

这块芯片有两个功能，也只有这两个目的：它等待信号，然后在收到信号时，覆盖电池上的所有保险装置，并将它们加热引燃。这是一个典型的杀戮开关。

这款芯片的独到之处在于，它无须利用眼镜内置的无线网络。如果利用，它就有被发现的风险，尽管风险很小——杀戮指令将被检测并遭到拦截。作为应对，它将眼镜框架作为天线，接收超低比特率的带外信号——这是一个颇为巧妙、令人防不胜防的设计诡计。

就在艾克尔巴耶夫上校的眼镜爆炸的同时，阿斯卡尔方面高层使用的另外 20 副眼镜也发生了灾难性的故障。而在一小时之内，过渡当局部队便发起了进攻，他们几乎没有遇到任何抵抗。

杀戮开关算不上是新发明。美国、英国、德国、以色列等国都具备了相关的工程设计知识和设备，可以在不经意间对软件和设备进行改造。

随着各类设备越发依赖于计算机，杀戮开关的威胁也越来越大。在公民不知情的情况下，各国政府争先恐后地对数十亿台可能受到攻击的设备进行了安全处理——几乎所有人都在使用这些设备，包括政治家和军队官员。当然，在"排雷"的同时，它们自然也不会忘记

"埋雷"。

这场竞赛的领头羊是韩朝统一体（由美国国家安全局协助）。这个国家经常在消费和军用电子设备中植入精心设计的破坏性芯片和电路，并且经常能骗过专业人士的眼睛。艾克尔巴耶夫上校的眼镜由 FPLS UK 公司制造，被认为是美国国家安全局特别改装的一批眼镜中的一副。当美国国家安全局发现阿斯卡尔将军订购了一批眼镜，并已在运往吉尔吉斯斯坦的途中时，他们便在土耳其截留了这批货物，换成了经过特殊改装的眼镜。

当线人确定这些眼镜已经被成功送到叛军手中后，贾拉拉巴德当地电台进行了一系列低频率传输。在一个月时间内，这批设备上的各种后门被激活，使韩朝统一体和美国能够进入叛军的网络。在收集完所能收集的全部数据之后，他们按下了杀戮开关，一举终结了内战。

为掩盖这次行动，美国方面还伪造了一次对 FPLS UK 公司的入侵，"泄密"了一些电子邮件，"证实"眼镜的突然故障是一个愤怒的、怀有强烈种族主义倾向的公司经理的内部破坏行为。这个故事维持了一些时日，直到世界各地的研究人员担心自己的眼镜电池也会发生爆炸，展开了调查。矛盾逐渐显露，当哥本哈根第二自由学校的学生公布了电子显微镜观察结果，并清晰地标记出插入的芯片时，阴谋彻底败露了。

自然，有关方面并没有承担罪责。但随着人们越发担心自己的设备也存在爆炸风险，开始独立验证硬件的完好无损时，杀戮开关便不再具有存在空间。纳米级"盒中芯片车间"允许小机构自行制造自己"可信赖"的微芯片，一度颇受欢迎，直到人们发现这种芯片不太可靠且成本高昂。随后大多数人又开始选择大规模生产的电子产品。

　　在很多专制国家，政府对个人生活的干预已被视为一种必然。在一些地方，这种干预甚至受到欢迎。但对个体自由态度的改变，以及对政治家的越发不信任（由于腐败成风），打破了这一平衡。杀戮开关代表了人类可能想象的最糟糕的入侵方式，而最终，始作俑者的极度傲慢导致了自己的垮台。

微死亡探测器
MICROMORT DETECTOR

阿根廷 ｜ 布宜诺斯艾利斯 ｜ 2032 年

　　我们每时每刻都在面临选择，这些选择考验的是我们的风险偏好。要不要吃那份美味但热量极高的甜点？步行去购物还是坐车去？你真的玩太空蹦极吗？当然，那会很有趣，甚至会成为你一生中最难忘的一次旅行经历。

　　有时，我们很容易做出权衡，尤其是对于那些将死亡概率摆在台面之上的高风险项目。大多数时候，我们都是在无意识的状态下做出决定，尽管无数小事积累起来的影响可能要比进行一次太空蹦极更加危险。

　　但如果你能够直接测算、量化这些决定呢？如果有一个数字可以告诉你，一次行动究竟会有多大风险呢？这便是位于布宜诺斯艾利斯的一家保险合作社"相互保险"（Mutual Assurance）在 2032 年推出的"生命线"（Lifeline）手环的目的。

　　我即将戴上的这条手环很细，里面充满充当传感器的复合材料，能够对一些平常的项目进行追踪：血压和血氧饱和度、心率、新陈代谢综合读数、皮肤电波反应水平等。生命线还与佩戴者的眼镜及其他科技设备相关联，从而确定佩戴者正在做什么。然后，所有这些健康与行为数据都会叠加起来，转换成一个单一的数字——微死亡（micromort）。

　　　　　　　　　　　　　　给 91 件未来事物写历史

微死亡是一个风险计量单位，代表百万分之一的死亡概率。喝几杯酒会积累 1 微死亡，花一小时划独木舟则会积累 10 微死亡。当我咬了一口欧文原味汉堡后，你可以看到我的生命线在这里记录了 0.1 微死亡，我猜它是对这个汉堡的盐分含量感到不满。理论上，生命线可以监测佩戴者的所有活动——每一次洗手、每一次乘飞机、每一次跑步、每一次喝水、每一项人体功能，并计算实时风险。相互保险此举是为了帮助个人对他们在日常生活中承担的种种风险做出更明智的选择，当然，也是为了更明智地评估保费。

　　最初，相互保险只向他们的客户提供手环，但巨大的需求鼓励他们加大了生产。毫无疑问，生命线的吸引力来自它的新奇功能。当人们喝咖啡或是游泳时，微死亡读数就会增加。而从更根本的角度来说，人们对它的兴趣很大程度上来自当时婴儿潮一代和 "X 一代" 对死亡的恐惧。在生命线问世 10 年后的一次采访中，相互保险首席执行官玛利亚·门多萨（Maria Mendoza）承认："我们并没有忽视，有整整一代人对于死亡非常非常焦虑。我们希望通过量化死亡率，通过他们能够理解的方式，帮助他们应对和管理这种焦虑。"

　　但生命线并没能缓解焦虑，反而加剧了焦虑。很多佩戴者每隔一个小时就会认真检查自己的微死亡读数，为统计学上微不足道的累积感到担忧，并因犹豫不决而无法行动。更悲惨的是，严重焦虑会让他们的血压和皮质醇水平进一步提升，从而导致当天的微死亡值继续增加，令他们更加焦虑，由此陷入恶性循环。

　　生命线还存在其他问题，比如它所依赖的计算风险值的数据其实并不准确。大部分数据都是以总体水平为基础进行计算的，对于特定情况或具体个人的适用性相对较差。另一个问题是人类的逆反心理造成的麻烦。一些用户会在不明显损害健康的情况下，刻意累积微死亡值，例如进行各种危险的体育运动、冒险涉足危险区域，只为获得高分。

几年后，人们的态度发生了转变，对这种关于他们生活的简化措施感到厌倦。游戏化历史学家伊恩·基德（Ian Kyd）评论道：

试图对宇宙中的一切——从健康、幸福到智慧、灵感——进行精确量化的时尚，起源于世纪之交。当时的政治和经济鼓励人们用严格的数字概念进行思考。于是在那时，人们真的以为，在100个数字里找一个出来代表幸福程度这种做法，不仅是个好主意，而且是最好的办法。自我量化和游戏化运动一直延续到了30年代，最终随着现代浪漫主义运动的兴起而终结，真是谢天谢地。

自始至终，生命线都没有起到准确测算的作用，也不曾起到管理风险、改善健康的效果。不过，它也确实启发了一些大多荒唐，但偶尔也会引发思考的新型仿制手环的诞生。这些手环都声称能够对微小增量进行监测，比如"微趣味监测器""微聪明检测器""微道德监测器"等。

而这也许是生命线做到的最有价值的事情：那些试图通过简单的数字指标指导自己行为的人经常无功而返，但这种努力往往促使人们对死亡产生了短暂的感知，并因此引发更微妙、更持久的前景变化。由此，生命线便不再是一件让人更加睿智的神奇装置，而是生命无常的象征。

欧文原味克隆汉堡

OWEN'S ORIGINAL CLONED BURGER

加拿大 ｜ 汉密尔顿 ｜ 2033 年

在 20 世纪中期，人类对未来的憧憬往往包括通过服用某种药丸或合成的浆液即可获取营养。其中的道理不难理解，尽管人都需要吃东西才能生存，但从纯粹生物学的角度讲，味道在大多数时候都是无关紧要的。唯一重要的事情是为我们的身体摄取刚刚好的营养物质，而吞药丸显然比吃土豆省时省力。然而，除了人类始终无法从体积如此小的东西里获取足够的热量之外，这种毫无激情的做法完全无视了好好吃顿饭的乐趣。生活并不只是为了生存，如果只为了节省几分钟时间便放弃了存在几千年的美食与共餐传统，显然过于可惜。

自农业时代起，食物一般指的是蔬菜，但在近几个世纪，随着新的农业技术出现，情况发生了改变。人类有能力以工业化规模生产廉价肉类。到 2033 年，有超过 600 亿只鸡生活在工业化农场中，还有数十亿头牛、猪和其他畜类等待被屠宰，以满足世界对于动物蛋白的贪婪胃口。

这些动物大多被关在狭窄的空间当中，几乎没有机会与外界接触，更不用说随意走动了。尽管 20 世纪时人们在动物农场福利的改善方面取得了一些进展，但这一进程非常缓慢，因为剧烈的变化将损害零售商的利益，而零售商又会把自己的损失转嫁给消费者。

因此，道德考量并不是 21 世纪世界摆脱工业化养殖的唯一原因。环境、经济和科学的变化起到了同样大的作用，而这些变化都体现在这个东西——欧文原味牛肉汉堡当中。它最早在加拿大的安大略省公开销售。

多亏柏林"第五纵队"的大厨玛丽·奥尔德曼（Mary Alderman）的努力，我才获得了这个欧文原味汉堡。值得庆幸的是，它并非来自 2033 年，目前只拥有 90 秒历史。没错，它确实很美味，浓浓的胡椒味，却依然出奇地嫩滑可口。但这款汉堡里的肉并非来自在户外吃草的牛，也非那些挤在养殖场里的牛，而是来自生物反应器。玛丽·奥尔德曼解释说：

我先在无菌试管环境里培育汉堡肉细胞，然后在有机材料制成的 3D 打印支架周围播种。现在，如果我把它放在这里，只提供必要的营养液，你的汉堡基本就只是一团难看的动物细胞组织，我想你肯定不喜欢吃这种东西。所以我要触发血管、动脉的形成，这样组织就会变成肌肉，口味更好，看上去也更有食欲。这些肌肉会受到电刺激，我还要确保干细胞正常工作。当然，我也可以让它继续发育，但我不会那么做。

无论如何，只要有称手的工具，并且知道这套做法，制作克隆肉很容易。当然，最早开始进行这种尝试的人们必须从头做起，自己制作工具。与通常饲养然后杀死动物来获取肉类的做法相比，这一定无比艰难！

艰难，但这些努力是值得的。推动克隆肉发展的主要压力有两个。一是传统农业发展建立在廉价的土地、水源和电力永世不竭的假设之上。但气候变化和对于可耕种土地竞争的加剧，证明这个假设是错误的。同时，先前10年全球抗生素类药物滥用导致的耐药性问题，导致危险细菌不断增多。而对抗生素药物的使用限制，则导致保持畜类健康变得越发困难。

即便传统肉类在2020年代价格水涨船高，克隆肉——此时仍然只能在实验室里，以极大的成本进行种植——尚无法真正成为替代品。要想让克隆肉真正进入大众市场，还需要另一个压力：老年人群体对于洁净肉类和营养食品的需求，以及相应的、能够进行大规模生产的生物反应器的突破。在全球范围内，有数十亿渴望健康生活的消费者。只有克隆肉才能保证无菌，由生物反应器生产、送货机器人送达，再到端上餐桌，整个过程无可挑剔。

不仅如此，克隆肉还可以根据不同消费者量身打造，使其达到完美的营养平衡。早期制造商提尔森表示，克隆肉"比起肉更像药——除了这种药味道很好"。实际上，提尔森的员工们曾在网络媒体及场景工程现场挑起人们对于传统肉类的恐惧，尽管后来事情败露，但他的生意并未受到影响——直到2031年该公司被迫缴纳了12亿美元罚金（比起收益，这笔罚金少得可怜）。

随着越来越多的公司加入生产定制肉的行列，生物反应器成本开始下降，更多科学家开始将细胞系培育工程化，其中一些还是开源的。很快，高档餐厅的低温慢煮机和激光烤肉机旁边出现生物反应器不再稀奇，而以此为起点，它很快便进入了快餐店和社区厨房。

而这则是我的欧文原味汉堡的起点。有趣的是，彼得·欧文并不是某家公司制造出来的形象，而是个真人。他显然花了几个月时间进行实验，利用他从一家破产的制药公司清仓甩卖时淘回来的生物反应器装置，研发他的汉堡配方。

在经历过一系列失败之后，他的朋友们终于对欧文竖起大拇指。于是，他开始向世界各地的餐馆兜售他的汉堡食谱，并承诺只要把他的名字留在菜单上，他就会给予相当大的折扣。后来的事实证明，欧文原味汉堡取得了长足的进步，5年内总共卖出数千万个汉堡。随后欧文决定将汉堡配方公开，接受开源打赏，自己则开始尝试新的想法。

当然，所有这些关于"克隆肉"的讨论，在今天看来都令人费解。我们通常只把这种肉叫作"肉"，至于食用真正动物的想法，人们多有分歧。有人认为那样做很恶心，但也有人觉得那是一种独特的享受。但无论你抱有怎样的观点，我想我们都能同意，我们都不愿回到那个每年有数百亿动物遭到屠杀的世界。

世俗仪式
RITUALS FOR THE SECULAR

地球 | 2033 年

随着有组织的宗教在 21 世纪日薄西山，新的世俗仪式逐渐兴起——并非在所有国家和所有社群，但在很多社群当中，这种趋势很难被忽视。人们发明了一些仪式，用来纪念、神圣化那些对他们而言具有深刻意义的事件与活动。另一些人则被吸引，对这些仪式进行模仿与重塑。以下是 2033 年以来一些比较具有代表性的世俗仪式，其中的一些时至今日仍在进行，有一些则已经消亡。

遗忘（THE FORGETTING）

遗忘协会（The Society of Lethe）鼓励人们每隔 7 年对他们的所有网络数据和社交媒体进行清理。清理前一个月，人们会和他们的朋友、家人一道为他们在网络上最杰出的贡献进行庆祝，并挑选出 7 件保留到未来。而在正式清理前一周，他们要忏悔自己通过社交媒体可能造成的伤害与困惑，并制作 7 份上传内容请求原谅。在真正"遗忘"的那一刻，他们要授权遗忘协会的服务器访问他们的个人账户，永久删除所有数据，并抹除备份。

一些信徒还会仪式性地用锤子砸碎古老的旋转式硬盘复制品，以此纪念自己的失去与新生。

物理同步（PHYSICAL SYNC）

这种仪式源自一些具有安全意识的团体完全现实的要求，即要求成员当面交换他们的密码"公钥"。这类团队包括分布式的增强团队，他们会通过物理接触熟悉彼此，并通过密切的体验活动增进情感上的信任。具体活动可能包括极限体能运动、集体冥想、互相装扮和跳舞。

新软体操（CALISTHENIA）

新软体操是一个由台北新学院（New School of Taipei）创建的增强现实仪式。参与者会被引导完成一系列缓慢、优雅、连续的动作，基础主要是太极拳。会有一个奇幻风格的增强现实角色通过吸引参与者注意力、进行动作示范来帮助他们学习。在新软体操的实时仪式中，人们可以看到全世界数以百万计的参与者在 15 分钟内做出同样的动作，每 4 小时进行一次。

无限循环（INFINITE LOOP）

无限循环是一项没有终点的跑步活动，一群跑者以每小时 5.5 公里的速度前进。这个仪式欢迎所有人参与，跑步路线事先通过了有关部门批准。一些规模较大的循环跑已经连续进行了几年时间，昼夜不停。尽管有时只有一两个跑者参与，但到周末却会增加到数百甚至上千人。这一仪式在表面上人人平等，但参与者往往具有"非正式等级"的划分，根据以往的参与率决定，并随着其健康状况、个人状况、时间和天气的不同加以修正。

至高奉献（MAXIMUM RELEASE）

这个仪式由布鲁日的一群好友发明，目的是炫耀他们的财富和所谓的美德，结果在无意中"复活"了夸富宴。在至高奉献进行期间，一个人会列出自己的一大部分资产，他所选定的社群中的任何人都可以要求得到这些资产。用来奉献的大多是数字资产，有时也会是对于经验、游戏和人的短暂访问权限。

随着 3 年后基本最高收入标准的通过，这一仪式的受欢迎程度开始下降。

铭刻（THE ENGRAVING）

铭刻是对于逝者的无声纪念，完全在虚拟现实环境中进行。这一仪式起源于 2033 年的一起坠机事件，当时很多人不敢公开进行集会，只能以这样的方式纪念遇难的亲友。

他们会在黎明时分来到山脚下，独自一人穿过密林与浓雾，最终抵达山顶。山顶总是烟雾缭绕、异常清冷，而天空总是一碧如洗。在这里，悼念者们会轮流在高大的大理石碑上刻下对逝者的纪念。白天的时间被人为缩短，好让最后的铭刻刚好在日落时分完成。

在仪式尾声，人们会转身离开纪念碑，看到群山上方如火的夕阳，远远地在云层之上飘散。

做作吗？也许吧。老套吗？当然。但有时，在痛苦之中，我们需要的就是这样的传统。

μ 子探测器
MUON DETECTOR

以下是 2034 年 11 月 3 日巴拉圭总统阿吉雷在亚松森发表讲话的片段，由巴比伦程序翻译：

两年前，我们的国家遭受了有史以来最严重的一次恐怖袭击，一个恐怖组织在这里，在亚松森，引爆了一枚核弹，瞬间造成 2 万人丧命。

在随后可怕的几个月里，又有数万人死于核辐射及辐射中毒。感谢所有急救人员、军人、警察以及无数在绝望时刻伸出援手的普通市民。正是由于他们的勇敢付出，才使得死亡人数得以遏制。

自两年前的那一天起，我们对犯罪分子进行了追捕，将他们全部绳之以法。同样重要的是，我们已经开始对这个美丽的城市和国家展开了重建工作，并对所有死难者致以哀思。重建进程的一个部分，是确保这样的恶行永远不会在这片土地上重演。

在之前的讲话中，我已经描述了本届政府正在采取的措施，这些措施将提升我们安全部门的能力，并提高军事反应的速度和有效性。毫无疑问，今天的我们比两年前更有能力侦察犯罪分子的行动，摧毁他们所带来的威胁。

但这还不够，即便是最完美的情报网也做不到滴水不漏。以往痛苦的经历令我们认识到，敌人总会比我们预期中更迅速地行动。单一层面的防御很容易被突破，甚至双层防御也可能沦陷。因此，我们需要建立深度防御体系，让恐怖分子不再有可乘之机。

这就是今天我要宣布建设"国家主动防御计划"的原因。"国家主动防御计划"是一系列物理与数字屏障，可以检测、防止任何未经允许的核材料越过我国的边界，在境内通行。

你们也许会好奇，这怎么可能办到呢？恐怖分子只需要用所谓的背包炸弹、电磁屏障，通过汽车或直升机运输，就可以夺走人们的生命。但答案很简单：对于所有汽车、卡车、直升机、飞机、飞艇、轮船、集装箱，无论经由陆路、航空还是水路进入我国，都需要通过一种新型探测器——μ子探测器，它可以让任何核材料无处遁形。

每分钟都有成千上万μ子从天上自然降下，无害地穿过物质，就像鱼在水中游。但一旦遇上密度极高的物质，比如核弹中的铀和钚，μ子就会发生偏转。所以我们只需要检测这些偏转，就可以发现核弹的踪迹，即便它上面附有1米厚的固体铅保护层。这项技术是万无一失的。

在过去6个月中，我们一直在包括维拉塔和恩卡纳西翁在内的各地港口及边境入境点，测试这项技术。现在我决定采取下一步措施，即将这项技术在全国范围内推广。

绝大多数人或是公司几乎不会觉察到检测过程。车辆在短隧道内行驶1分钟，就会经过安装在地面上的μ子探测带。车辆只要安全通过隧道，就会被标记为没有问题。而一旦发现异常，隧道就会被封闭，并呼叫安全部队。这最终能够确保恐怖分子无法再像两年前那样，利用集装箱走私核材料。

日后，我们还将在隧道中布设更多类型的探测器，以便发现生物病原体及其他危险物质。"国家主动防御计划"也不仅仅是一项安全保障计划，通过对进入我国的所有车辆及集装箱进行扫描并标记，还将有助于我们协调经济发展，合理配置资源与时间。

接下来的时间里，我们将发布更多关于"国家主动防御计划"的信息，但现在，我想先向制订这一计划的辛勤的研究人员、工程师致敬，包括主导这一项目的亚松森国立大学，以及参与合作的分布式安全联合体（Distributed Security Collective）、健行科技大学的各位成员。

两年前，作为你们的总统，我在这里向你们承诺，亚松森恐怖事件将永远不会在我们的土地上重演。而现在，我们更需要保护我们重建起来的繁荣。我相信"国家主动防御计划"能做到这一点。我希望我们能够携手并肩，让我们的国家变得更加安全、更加强大。为了死难的同胞，我们有责任保护今日的生者。

圣保护者

THE SAINT OF SAFEKEEPERS

这是一份讣告，同时也是 2030 年代孤立与联结的标志：

在 30 年的公证人生涯中，娜塔莎·威利斯为世界各地成千上万的客户工作。她更喜欢直接与客户交谈。"如果我能跟他们面对面交流，没有这些代理和模仿脚本的阻隔，我可以做得更好。"她曾对她的妹妹伊丽莎白说。这样做可能花费她更多时间，也让她失去了一些客户和收入，但她却从中得到更多满足。

对她来说，大多数客户需要完成的都是一些例行公事的工作：公证签字、确认个人身份、起草合同、出具宣誓书，这些都是公证人的常规工作。

也有一些人会提出不同寻常的要求。遇到这样的情况，威利斯会多加用心：需要立即起草的遗嘱、向明显陌生的人提供密钥链的合同、给长期分离的子女的授权书、送出心爱的个人财产。

娜塔莎·威利斯会格外留心这样的特殊要求。如果察觉到客户的行为有些异常，她会简单地问上几句："还有什么是我可以帮你的吗？你有什么话想说吗？我有时间。"

有时，仅仅是这样的问话，便能引出他们打算结束生命的理由。他们会在生命尽头暂且退后，将一切和盘托出。在整个公证人生涯里，凭借对亲自提供服务的坚持与执着，威利斯以这种方式帮助到了几十个人。"公证人必须具备人性，"威利斯说，"那意味着，跟我交谈的人明白我能理解他们心中所想。我并不是一个为了完成工作而生的脚本。"

周四，她于自己家中去世，享年69岁。她的丈夫特洛伊（73岁），以及她的孩子麦克斯、奥利弗和莎拉陪她走完了生命的最后一程。

1965年2月14日，娜塔莎·威利斯出生于布鲁克林。小时候，她立志成为法官，但受困于社会关系匮乏和当时普遍的性别歧视问题，这一梦想最终未能实现。在二三十岁期间，她一直在从事秘书工作，最终成为纽约一家大型律师事务所的行政助理。

依靠自己的积蓄，她在社区大学接受了公证人培训。取得执业资格后，凭借对客户的尽心竭力，她慢慢建立起值得信赖的客户口碑。很明显，她的工作往往超出职责范围。很多客户及其家人都对她的帮助和照顾心存感激，有些人甚至想要给她更多报酬，但她始终不肯接受。

"换成谁都会这样做的，"如果有人问起，她会这样说，"但凡有心，人们都能看出那些人很痛苦，他们不希望被机器安抚。他们想和真正的人交流。他们能感受到其中的差别。"

在最初的工作结束几周甚至几个月内，威利斯会一直跟客户保持联络，花时间通过电话进行回访。她甚至会在全国各地频繁出差，跟那些她认为需要当面接触的人见面。

随着她的努力越发广为人知，纽约市市长为她颁发了荣誉勋章。在得知她去世的消息之后，市长办公室公开表达了敬意，感谢她拯救了很多人的生命。"娜塔莎告诉我们，我们有能力改变别人的生活，让他们过得更好。这只需要有人行动起来。"

模仿游戏

THE IMITATION GAME

我们如何得知一个罪犯真的已经改过自新？只有上帝才能确定。但我们宽恕和同情的义务告诉我们，在地球上，当我们要判断一个罪犯是否可以安全地重返社会时，务必多加谨慎。在没有完美知识的情况下，我们能做的，最多就是考察他们的言行。如果我们已经无法区分先前的罪犯和我们认知标准里的好人，那么我们还怎么否认他们应当重获自由呢？我们还有其他更公平的检验标准码？

——迈克尔·张牧师，2034

如今大多数人知道"图灵"这个名字，通常是通过他的同名测试，这个测试用来衡量机器能够表现出相当于——或如今已经远超——多大程度人类智能行为的能力。图灵测试最初的灵感来自模仿游戏。在这个游戏中，"审讯者"需要找出两个人中哪一个是——比如——女人、政治家、科学家，哪一个是假装的。

在 20 世纪和 21 世纪初，模仿游戏大多只是思想实验，但它们最终在培训互动专家方面得到了应用——人们通过与真正的专家交谈和互动，对某一领域的专长进行模仿。记者、项目经理和活动家都是互动专家的典型，但实际上，几乎每个人在试图表现出对某人或某事的友好、好奇或关心时，其实都是在试图成为互动专家。从模仿游戏的角度来看，互动专家不过是骗子。但如果换一个角度，假扮的过程其实为假扮者提供了有关他们所横跨的两个世界的宝贵知识与智慧。

2034 年，南圣何塞青年改造中心根据后一种假设，策划了一个重大项目。尽管大量使用了远程监控器和社区干预措施，但该中心仍有大量青少年屡教不改。该中心的高级管理员伍德博士向我们介绍了他们是如何选择一种非常规的手段来解决这一问题的：

你知道吗，*21* 世纪初，最有趣的减少累犯率措施之一，是巴西和休斯敦采用的文学阅读小组计划。这个计划希望通过阅读《杀死一只知更鸟》《人鼠之间》这样的经典名著，唤醒囚犯的同情心和宽容心。在我看来，这种计划似乎也可以解决冲动克制和非认知缺陷层面的问题。于是我们借鉴了这个计划，通过对故事的改写和补充，让它们变得个性化，更适合具体囚犯。但实际效果并不理想。

尽管伍德博士一开始对南圣何塞的干预措施满怀信心，但收效甚微。一些人还抨击它"对囚犯过于仁慈"。

是的，很多人都在谈论作弊问题。他们认为我们这样做很欠考虑，没办法防止囚犯读完了书，只是假装自己吸取了教训。这时我才意识到，如果一个人表现得好像已经改过自新，那他本质上就是改过自新了——只要这种表现足够长久。有了这份顿悟，让囚犯进行模仿游戏似乎顺理成章。在游戏里，他们必须表现得富有同情心，或是扮演被他们鄙视的少数群体。

在南圣何塞这个最初长达 18 个月的计划中，少年犯们被要求参加一系列漫长的、逼真的模仿游戏。他们必须扮演不同的社会角色，"审讯者"则是经过训练的微型任务机器人。后者会向他们提出一些困难的问题，并对最微小的纰漏明察秋毫。每次模仿游戏结束，囚犯们会被告知自己获得的分数，以及改善表现的方法。

总而言之，这个计划的核心是让犯罪者通过假装模范公民来获取分数。

事实证明，"模仿改造计划"在降低累犯率方面效果惊人，但它也存在一个重大缺陷：由于这个游戏很适合培养个人魅力以及社交能力，反社会者和精神病患者也能从中获益。实际上，很多人会通过玩这个游戏来磨炼自己的伪装。

我并不认为我们这个计划在识别反社会者方面比其他干预措施更糟糕。但是没错，我们认识到项目的修改势在必行。我们增加了一些部分，比如频繁地复测和检测。有时候这些复测是公开的，在受试者能察觉到的情况下进行；有时则是暗中进行，受试者并不清楚他们正在接受测试。

但说实话，即便增加了这些步骤，我们还是无法识别所有反社会者。但你必须清楚，反社会者只占我们中心少年犯的一小部分。我相信，我们大多数受试者最终确实吸收了游戏中的教训，这一点通过他们的累犯率变化便足以证明。我们这个计划比以往任何做法都干净、有效得多。况且也更省钱。

但伍德博士显然有一些顾虑。

有时我在想，我们是不是真的在改造罪犯，还是帮他们把面具戴好，让他们能在社会上混下去。我给我的牧师发了邮件，向他倾诉我的担忧。他安慰我说，只有上帝才能分辨一个罪犯是否真的改过自新。他说，鉴于我们无法看透一个人的灵魂，我们能看的就只有这个人的行为。他还说，上帝会原谅我们犯下的所有错误。

　　我不知道他是不是真的相信这些，还是只是想让我好受一点。但我想这不重要，反正我也没法分辨。

米里亚姆·徐的神经系带

MIRIAM XU'S LACE

中国 ｜ 香港 ｜ 2034 年

即使是天才也有其局限。如果生在宗教改革的年代，爱因斯坦很可能泯然众人；如果生在几千年前，达·芬奇至多是个默默无名的洞穴画家；如果生在一个世纪前，宋恐怕要在流水线工厂出卖血汗维持生计。作曲家、前台北交响乐团指挥米里亚姆·徐深知历史的偶然性。"但对我来说，如果生在上一个时代，我会不会成为数据矿工或是教师并不重要。重要的是，我能不能活到自己的一岁生日。"

2034 年，在出生后不久，徐便因一场坠机事件的动荡导致的房屋意外失火，患上了严重的脑桥腹外侧卒中，卒中导致了完全锁闭综合征，使她无法自主控制身体的任何肌肉，包括眼睛。

如此严重的病情，让她只能在香港接受一套实验性的治疗，包括使用神经生物电贴片、神经干细胞疗法以及当时最前沿的神经系带，在她 3 岁生日前后的脑扫描图像中便可以看到。这一版本的神经系带尽管粗糙，但已经能够起作用，直到今天仍在使用。而且就像我们目前大多使用的神经系带一样，它能够读取徐的大脑活动，让她对自己的肌肉实现基本控制。

在不断接受治疗的那些年，徐对音乐产生了浓厚的兴趣。

"当我住在医院里，还是个婴儿的时候，他们刚开始进行治疗，而我妈妈会一直给我放音乐听。"徐告诉我，"医生们说，因为我的眼睛无法正常聚焦，所以最好的办法是通过耳朵跟我交流。我妈妈以前在学校拉小提琴，我想她一直希望自己能继续学下去，所以在我还是个婴儿的时候，她就给我播放了所有经典曲目的录音。"

在接受神经肌肉贴片之前，研究人员通过测算她对听觉刺激的大脑电活动，来测试她的神经系带。结果表明，仅仅3岁的小小徐表现得极为出色，她能够区分不同的音乐和作曲家，甚至对于音乐相同、演奏者不同的情况，她也能分辨得一清二楚。

在了解到徐的情况之后，英国皇家音乐学院的一名研究人员开发了一款软件，让她可以通过大脑活动进行音乐创作。徐最初的创作具有高度模仿性，但很快变得复杂。随着时间的推移，她对身体的直接控制越发自如，同时继续利用神经系带进行创作。而在成长的过程中，她发觉自己利用系带比利用其他任何界面都更加快捷、自然。

也因此，她的创作往往欠缺对实际或组织管理方面的考虑，比如她曾策划召集200名小提琴手，让他们环绕在观众周围进行演奏。

"我从没想过人们会真的去演奏我创作的东西。"徐说，"我一直以为音乐是电脑制作出来的，而不是人类利用物理乐器演奏出来的。但后来我读到一些评论家的话，于是一有机会，我就去买了一架钢琴、一把小提琴，想搞清楚它们的工作原理。"

器官重建和广泛的干细胞疗法，让徐在青春期完全恢复了健康。这让她能够利用物理乐器进行演奏。不过最终，她还是选择专注于作曲和指挥，而非演奏。经过一番努力，她先后在世界各地多个乐团担任指挥，最后在台北交响乐团效力了11年。现在看来，她的作品之多令人惊叹，尤其是作为单人创作者——没有利用任何团队或是增强团队。

在随后的生活中，徐继续使用她从婴儿时期就开始使用的神经系带，并不间断地记录自己的思想，这让她在 2050 年代初的言论自由和隐私纠纷中扮演了重要角色。欧盟、非盟和美国的案例都在试图对第三方合法使用私人思想记录的情形进行界定。这些记录是否可以成为解雇雇员的理由？出于国家安全和治安原因截留私人思想是否合法？对此，徐极力支持公民对自己思想的权利，反对将思想和行为等同起来的观点。她的努力为她赢来众多盟友，但也招致许多非议。

"班加罗尔事件之后，人人自危。他们认为读心术可以阻止未来的袭击，"徐说，"这种想法令人绝望。我比任何人都清楚，读心术的意义并不在此。即便这真的能保障人们的安全，它也会让我们彻底丧失自由。在上个时代，人们想用判读微手势来做到这一点，但最终没能成功。实际上，每个时代都有自己的恐惧，也总有人在利用这种恐惧，实现自己的目的。"

徐的另一大热情，在于推动更多孩子能接受像她这样的关键性治疗。"我很幸运，我的父母很明智，而且我们生活在一个富裕的城市。我为那些只能依靠基本最低收入生活的人感到难过，因为神经系带和贴片的费用是他们难以承受的。我们需要尽我们所能，让更多人也能接受到这些治疗。"

部分得益于徐的努力，她的故事不大可能重演。改进的羊膜穿刺术、TNI 扫描、系统发育外推、基因治疗、外植体得到长足发展，成为治愈锁闭综合征的廉价选择。并不是所有人都能成为像徐这样的天才，但技术进步确实赋予我们比以往更多的机会。

耳环
THE LOOP

就像脖子上含蓄佩戴的十字架一样，除非刻意寻找，否则你不会注意到它的存在。不过一旦注意到，它就会告诉你有关佩戴者的重要信息——不是他们的宗教信仰，而是他们的立场，以及他们会如何对待其他人。

我这里有我已故叔叔的耳环，这是一块单薄的银色弧形金属，几毫米宽，4 厘米长，正面有一个大大的水滴状延伸。这个设计主要是为了让它能够紧贴在右耳后方。与世纪初流行的蓝牙耳机（以一种古老的无线传输协议命名）利用令人不舒服的耳塞不同，这个耳环可以通过骨传导接收语音、播放音频。

奇怪的是，18 岁那年，我叔叔选择在耳朵里植入了一部手机。这在当时被看作一种时尚，无论如何，想要取出也不难。重点在于，这让他的外戴耳环失去了用武之地，成了完全多余的东西。现在你可能觉得这个耳环只是体现了我叔叔的复古情怀，或者更宽容地讲，这只是件首饰。但事实却更复杂。我让大半辈子都在佩戴耳环的贝丝·米索（Beth Mison）来解释：

我是在 2034 年秋天的班达亚齐大洪灾之后戴上耳环的。如今很难想象，但那绝对是毁灭性的——大坝被冲毁，电网断供、备用电池

失灵、数据网络无法连接，一切都垮掉了。每当数据网络即将恢复时，一些白痴黑客组织就会出来破坏。这意味着没有人愿意派出救援无人机，也没有人能够进行协调组织。一些警察擅离职守，开始加入抢夺物资的混战，于是洪灾之后几天，一切都陷入了混乱。在外边的我们只能通过架设在高处的摄像头观察灾区的情况。

然后……我们看到情况有些变化。暴力很快席卷整座城市，除了北部地区。有一些人在那里平息事态、恢复秩序、分发物资。不难看到他们都戴着厚重的耳环，为了紧急服务需要——坚不可摧的硬件能够延长使用寿命，还可以单独创建长距离点对点网络。他们让人们协同起来。这些人不是专家，而是志愿者。这无疑令人振奋。

先是班达亚齐，随后是世界各地，人们开始认识这些耳环，并相信佩戴者总会做正确的事——干预暴乱、搬运伤病员、保护基本的医疗用品。每一个耳环都与其他千万个耳环紧密相连，他们以坚忍不拔的集体精神，帮助城市走出难关。

但为什么这些耳环会产生如此持久的影响？很大程度上，这要归因于 21 世纪初既有社会体系的日渐崩溃。信息和组织技术的普及，意味着人们越发不愿意承认各种不负责任的权威的合法性。他们不再盲目相信警察和安全部门，而是希望获得更多透明度和自主权。耳环在班达亚齐取得的惊人成功表明，另辟蹊径是可行的，尤其是在已经采用最低收入保障、公民时间得到解放的国家。

尽管耳环佩戴者如超级英雄般深入险境、拯救生命仅仅是一种浪漫化的想象，但耳环的有效性直接来自它网络化的特性。如果一个耳环佩戴者陷入危险，从被醉汉纠缠到自然灾害，他能够直接与整个由人类和人工智能助手组成的后备支持网络联系，无论身处何方。

帮助者们会提供实时建议，从心肺复苏到机械修理，如何合法使用暴力，以及如何避免纠缠。事实上，很多后援只是道德上的支持，让耳环佩戴者知道，每当遭遇险境时，都会有一支后备军支持他们。

为保证分散性，耳环佩戴者们并不只有一个后备网络；相反，他们采用开源协议，允许广泛的网络互联，包括由当地社区、教会、传教士，甚至是姗姗来迟的政府运行的网络。

由于缺少权威中心，耳环佩戴者在建立信任的同时，如何避免欺诈行为的出现就显得非常关键。最成功的后备网络往往采取哈克沃斯模式（Hackworth model），该模式结合了分布式信用管理系统，再加上"物理同步"等仪式，而且还在耳环设计上下了功夫，用不同的颜色和样式代表不同等级。

我让贝丝·米索来描述一下作为耳环佩戴者对她的意义：

我是从最普通的深灰色耳环做起的，威尔士的紧急情况不多，所以我花了很长时间才升到第二级，这样耳环上就多了一道猩红色的条纹。但你知道，这是现实，不是游戏。我们都不可能成为超级英雄。我从没深入火海，或是指挥无人机救援。花了几十年，我才成为"白耳环"。

在人人都拥有神经系带的今天，耳环在很多人看来只是装饰品。事实并非如此。佩戴耳环是一种标志、一种承诺。人人都可以向我寻求帮助，而我会在紧急情况下做正确的事情。这象征着有责任帮助其他耳环佩戴者，在他们需要的时候成为他们的后盾。让耳环佩戴者成为英雄的，不仅仅是个人的勇气，还因为他们知道自己永远不是一个人在战斗。

女裁缝的新工具

THE SEAMSTRESS'S NEW TOOLS

　　其实都是一些很简单的事情，比如缝线、测量、把剪刀拿在手里。尽管我很清楚要在哪里下剪刀，该用什么图案，但我的手却不听使唤。我想这也公平，毕竟它们已经陪我操劳了 60 年！但你知道，我还有一些没用完的想法，我还想继续工作，所以我必须使用一些能让我继续工作的工具，尽管它们看上去很不寻常！

——玛莎·埃文斯（Martha Evans），2035

　　出生于 1972 年的玛莎·埃文斯在一生中从事过很多工作，酒吧招待、销售助理、艺术家、平面设计师。但到 30 多岁时，她的职业固定为自由艺术家和时装设计师。她用自己的双手和缝纫机为佛罗里达州的商店制作衣服，做得很好。我面前就有她亲手制作的衣服，是一件简单的亮红色丝绸连衣裙，脖子的位置有一个简洁大方的结，还搭配了一条青绿色的腰带。

　　和众多高端定制工作一样，埃文斯所从事的职业并没有因自动化受到太大冲击。服装从来都不是只考虑成本和方便的产品，否则我们每个人都只会穿着廉价的灰色连身衣。不，它关乎我们的外表，即便是最出色的增强现实，也不能满足那些希望在物理世界中给人们留下好印象的人的要求。

现在是这样，在 2030 年代更是如此。当时的埃文斯已经年过花甲。尽管要求她制作的服装订单依然很多，但她已经难以应付，因此必须做出改变。她要么选择雇用助手，让自己从需要动手的工作中抽身，要么去为那些大批量生产的脱销服装做设计。埃文斯一直举棋不定，直到她被人介绍给沙克蒂·纳格拉（Shakti Nagra），一位决心颠覆服装生产模式的年轻女性。

大致来说，在 2030 年代之前，生产服装的方式主要有两种。一种是定制服装，需要对顾客量体裁衣，通常在试穿之后还会再做调整——这便是埃文斯的方式。另一种是混合使用自动化与人工的大规模生产。不过，即便是大规模生产，也需要设计师设计样板，而且可能还需要一个漫长的过程，来确定最终的产品符合设计师的意图。

纳格拉的构想是全新的。在 2010 年代末至 2020 年代初，她在真实模拟织物行为方面取得一系列进步——关于服装的悬挂、折叠、起皱时的样态——其中利用了从高分辨率 CT 扫描中获得的物理参数以及一系列彻底的有关拉伸性、导热性、透气性等方面的测试结果。

起初，这些努力与物理世界中的时尚并无关联，他们只是为了创造游戏和电影中的电脑动画。眼镜与镜头保真度的提高，导致了娱乐业的革命，用户希望他们在游戏中的人物看上去要尽可能逼真。游戏和电影通过将真实的衣物作为植入广告插入其中获得丰厚的附加收入，而正是纳格拉的公司 DEI-9 开发的软件让这一切成为可能。

纳格拉对她下一步的行动进行了解释：

我意识到，既然我们能完美地模拟面料和服装，让它们和你在任何商场、大街上看到的连衣裙、西装如出一辙，那么我们完全可以反其道而行之：虚拟地设计服装，模拟出它的样式，然后指定服装生产的每一个步骤。这将是一个 100% 数字化的过程，从头到尾。

　　带着数千万投资，纳格拉着手将自己的想法付诸实践，即用完全数字化的方式生产服装。她马上遇到两大难题。一是在服装行业，尤其是制造一线，依然十分需要人力。裁剪和缝制服装所需的复杂、精细操作，对于当时的机器人而言仍然是极大的挑战。虽然它们能够做到，但相比人类的劳动成本过高。纳格拉是个务实的人，她暂时放弃了百分百数字化的野心，专注于为人类工人提供更好的质量控制系统，直到——以她特有的理智——机器人成本下降到可以取代人工的程度。

　　她所面临的第二个问题便是设计过程。大多数时装设计师都不具备纳格拉的设计师使用三维建模工具的经验。他们的经验只适用于非数字化的、完全物理的环境。

　　这便是埃文斯的价值所在：纳格拉聘请她作为顾问，帮助设计人员制造工具。放弃了已有的严谨技术界面，埃文斯选择了一个高度拟人化的系统，通过物理手势和指令，模拟她一生都在进行的动作。设计师们可以把手指放进剪刀状的工具里进行裁剪，并在高倍率放大镜头下进行缝制，而所有这些，都可以通过顶针实现绝对的增强现实定位。

　　她们的合作也见证了她们建立真正友谊的过程。正如纳格拉所言："我们的背景非常不同。我本以为埃文斯只是来做几个月顾问，之后我都不会再见到她。但她让我真正见识到了整个过程的艺术性。"

　　在当代人眼中，埃文斯协助创建的界面过于老气，笨拙得无可救药。但这个界面是当时设计师熟悉的，这才是最重要的。他们可以在周一设计 3D 模型，周二接受订单，周三便可以生产出礼服。在两年时间内，DEI-9 吸引了数以万计的设计师，无论年轻还是年长。他们利用埃文斯的系统，在全世界各地设计、制造、销售服装。后来的版本甚至可以根据用户的 3D 人体模型自动设计衣服，从而大大降低了退货率。

自然，服装设计很快遭到了盗版。"我早就预料到了这种情况，就像音乐、电影和其他媒体一样，所以我们早有对策。"纳格拉如是说。

她的对策包括创建简化工具，允许用户能够比盗版更快更便捷地编辑、定制已有服装——当然，也需要向原设计师和 DEI-9 支付少量费用。很快，服装流行趋势的变化周期几乎像闪耀虚拟形象一样迅速，时尚也摆脱了大规模生产的束缚，分裂成更小的圈子。为避免过高的废弃物税，大多设计师允许顾客利用旧衣物进行交易，由专门的机器人将衣服进行无损拆解，从而实现原料的循环利用。

在 DEI-9 订购服装无法获得在现实中购物的即时满足感，但它会为你提供更多款式选择，而且价格也便宜很多。首先，DEI-9 无须为零售空间支付租金，尽管这一优势在日后被缩小——机器人技术的进步和预测性零售系统的更新，让实体店铺的定制订单也能在几小时内完成。其次，DEI-9 和它的竞争者们还在不断扩大它们的设计工具箱，包括生产闪耀虚拟化身服装、帐篷、家具，甚至是基于纺织品的摩天大楼。

纳格拉的设想，为时装设计师们提供了前所未有的自由。至于埃文斯，她可以充分利用公司的程序员和种种资源，而她也没有浪费这些。这又让我们回到眼前这条简单的红裙子。它与埃文斯之前设计的一件衣服非常相似，但这件衣服的制作，正如她所说，"并不是用了更好的方式，只是用了新的方式"。

埃文斯后来继续从事服装设计，直到 96 岁时去世——她的朋友纳格拉时刻都在为她准备称手的工具，等待她投入工作。

出行计划的选择

CHOOSING A DRIVING PLAN

地球 | 2035 年

　　无人驾驶汽车彻底改变了交通的方方面面，尤其是商业模式。这本小册子展示的是人类为了适应这个新世界所付出的努力。

　　过去的生活很简单。如果你想自由出行，只需要买一辆车，每隔一段时间给它加一次油。当然，养车并不便宜，新车一旦入手，闲置的每一分钟都在贬值，你还必须支付停车费、维修费和保险费。由于开车时需要全神贯注，你还因此浪费了数千个小时的生命，但至少你清楚，你在这件事情上完全没有选择的余地。

　　不过，现在已经是 2035 年了。在我们幸运地摆脱了单调乏味的驾驶过程和因此产生的消耗的同时，我们也面临着从 A 地到 B 地之间一系列令人困惑的选择。汽车成本的暴跌（我们已经完全可以放弃"无人驾驶"这个词），再加上紧密的汽车网络整合，令"汽车即服务"领域百花齐放。

　　面对如此多选择，难免让人不得要领。不过不必担心，在这里，我们能够帮你制订完美的专属出行计划！

　　在我们开始之前，你是否觉得那些"随走随付"，而且还能使用免费里程、享受娱乐优惠的出行计划很便宜？但是，除非你是囊中羞涩的隐士，一年顶多出行 10 次，或者你讨厌随时随地都可以自由出

172　　　　　　　　　　　　　　　　　　给 91 件未来事物写历史

行,不然就忘了它吧。

在解决了这个问题之后,接下来还有一些关于明智选择出行计划的一般性提示,分享给你:

首先,不要选择按驾驶时间或里程统一价格付费的计划。这种定价方式可能很好理解,但并不划算,因为你无法利用需求导向定价所带来的实惠。如果你在需求低迷的时候用车——比如上午 11 点左右,统一定价会让你花冤枉钱;而如果在高峰时期,你就需要等待很久,因为跟你选择相同出行计划的人也都在这一时间用车——反正价格一样。理论上,统一费率确实可能更廉价,但从长期使用的角度来看,这种计划效果并不好。

因而在这里,我们只考虑需求导向定价的计划。在这方面,"畅行"(Challenger)和"易驾"(CarSnap)处于领先地位。

畅行有积分,易驾有"出行节拍",但根本上都是一种东西:基于网络和交通繁忙程度而改变价格的出行货币。需求导向定价意味着同样的旅程可能会根据时段不同、是否有特殊情况(如假期或大型体育赛事活动)造成的交通和污染状况而产生不同的费用。

在大多数城市,需求导向定价由政府监管,而非公司,因此不必担心受骗。但如果你对成本感到焦虑,这两种出行计划都可以提供付费会员价,可以降低需求系数,和购买保险有些类似。

新用户常犯的错误是错估了自己需要多少积分／出行节拍,同时购买了昂贵的"会员礼包",导致被"套牢"。不要上当! 在不需要寻找停车位的情况下,旅程会快捷很多,而且就算有需要,你也可以随时购买积分。不过,有一种服务是绝对值得购买的,那就是"家人与朋友"共享计划。它可以让你只支付少量费用,便可以把额外的用户添加到你的出行计划当中。另外,如果你们同乘一辆车,畅行还能提供高达 50% 的折扣（当然，他们可以节省更多成本）。

说到这里，畅行和易驾都提供了拼车奖励，让用户可以通过与陌生人拼车来节省积分。如果住在城市或者时间灵活，拼车往往只会耽搁几分钟时间，因此放弃这份优惠就太不划算了。不过，两家公司都没有专门用于拼车的车辆，因此选择拼车可能空间有限，令人感到拥挤。

不过值得庆幸的是，来自墨西哥的新型交通创业公司亚果（Argo）准备改变这一领域。他们不仅推出了全新的可选隔断车辆，方便陌生用户拼车，不受打扰，还推出了一个严格的匹配系统，方便人们选择旅伴。不少人通过亚果专车交到了朋友，甚至有人因为它共结连理。尽管他们不会做出任何保证，但这至少是一种有趣的出行选择，值得尝试。

还有一些有趣的出行计划可以选择，包括：

小黄车（Yelo City）：如果还没有在城镇周边看到他们的明黄色卧式三轮车，你需要戴上眼镜好好瞧一瞧。小黄车需要借助你腿脚的力量，它自己能够控制转向和制动，因此在享受城镇周边风景的同时，你还可以让身体得到锻炼。如果担心流太多汗会影响接下来的重要约会或会议，车上自带的电动马达可以代劳，即便是陡峭的上坡路也能够轻松应对。小黄车是对汽车出行计划的一个有趣补充。

城域快通（Civic Express）：城域快通是一个开源的交通平台，由一个非营利合作网络运营，覆盖全球 35 个国家。更重要的是，凭借其 S3 智能调度系统，城域快通几乎是任何国家 100 公里以上出行计划的最佳选择。只需要告知城域快通你的目的地和时间的灵活程度，在一天之内，它就会为你找到合适的汽车、小巴或大巴，按照尽可能符合要求的路线，将每一位乘客送到目的地。这并不是最快速或最方便的出行选择，但如果你预算有限或是不赶时间，希望在旅途中认识新朋友，城域快通将是你的不二之选。

极奢（High Lux）：不同于畅行和易驾，极奢所使用的车辆并不看重效率，而只考虑舒适性。你可以选择来自肯沃西（Kenworthy）的新车型，也可以选择改装后的经典车型，如奔驰CLK、宝马5系、阿斯顿·马丁DB9或特斯拉Roadster。使用极奢所需不菲，但如果是特别场合，它能够带来真正的享受。此外，它甚至在车上保留了方向盘，让你可以像你的爸爸妈妈一样，假装自己在开车！

祝旅途愉快！

诺贝尔医学奖

NOBEL PRIZE FOR MEDICINE

瑞典 ｜ 斯德哥尔摩 ｜ 2036 年

以下是 2036 年诺贝尔生理学或医学奖授奖词。 由卡罗林斯卡学院的诺贝尔大会及诺贝尔奖委员会成员罗莎·纽曼（Rosa Newman）教授致辞：

尊敬的国王陛下、王后殿下，尊敬的诺贝尔奖得主们，女士们、先生们，

哲学家普罗提诺不喜欢别人为他画像。 他说，既然身体不过是自身一种不完美的形象，那么画像又有何意义？

那么，什么才是人类自身最完美的形象呢？ 它不可能是构成我们身体的原始物理材料，因为 30 年前构成我们身体的所有原子如今都已不再存在于我们身上；它不可能是 DNA，因为没有人认为同卵双胞胎在任何方面都是一模一样的，况且时至今日，我们已经能够随心所欲地改变我们的 DNA。

不，说到底，人类乃自身经验之总和。

想一想夏天熟透的果子的味道，或者被对手击败时的苦涩滋味，再或者是怦然心动时令人沉醉的灼热，经过几年或几十年沉淀，化为足以慰藉余生的温暖。 这些经验——记忆——串联在一起，构成了我们的生活故事。 而在这样的建构当中，我们创建、编辑我们的个

给 91 件未来事物写历史

性，时时刻刻、日复一日、年复一年。

记忆对我们的存在举足轻重，可是直到不久前，我们仍对它们知之甚少。它们在什么地方？以何种方式储存在我们的大脑中？为何有些记忆比其他记忆更强大？为什么记忆会随着时间的推移而改变甚至扭曲？

从1990年代到2010年代末，早期神经科学家认为，记忆是由神经元在同步模式下放电，导致它们之间在突触处的连接加强而形成的。这个结论有一定正确的成分，但在2020年代，刘子珍（音译）和亚历克斯·恩斯特（Alex Ernst）的研究，将我们的理解推进了一大步。他们在细胞、信息理论和系统层面，揭示了记忆的基本性质，并解释了这些层面的互动原理。

来自中国北京的刘子珍开创了一项革命性的技术，她通过将脑磁成像、经颅磁刺激和激光刺激结合，实现了对于转基因大鼠体内大量细胞网络活动的监测与控制。而在这一过程中，她发现了从信息到控制的互动是如何在大脑中实现的。

来自荷兰的亚历克斯·恩斯特根据刘子珍的研究成果，对大鼠大脑进行了前所未有的模拟。两人密切合作，恩斯特的模拟与刘子珍的设备相联系，最终形成并证明了关于记忆形成和消亡的假说。简而言之，刘子珍和恩斯特并不只是对大脑工作原理进行了推演，他们创造了一个能够控制大脑的软硬件接口。

两人的创举带来了医学领域诸多重要的新见解，同时也启发了诸多应用。我们已经看到了解决创伤后应激障碍的治疗方法，以及干预耄耋老者记忆丧失的潜在技术。他们的技术还有助于开发新技术，令精确提取、删除、改变、创造记忆成为可能。而在不久以前，这些还都只是彻头彻尾的天方夜谭。

1962 年，我们授予沃森、威尔金斯和克里克诺贝尔奖，以表彰他们发现了我们这个世界最基本的构成模式之一，即脱氧核糖核酸，或称之为 DNA，也就是控制我们身体生长的遗传密码。而在今天，我们在这里，见证了一个同样重要、同样难以捉摸、极其复杂的模式的破解，这个模式构成了我们的思想与记忆。

刘子珍教授、恩斯特教授，我非常荣幸地代表卡罗林斯卡学院的诺贝尔大会，向你们表达我们最热烈的祝贺和最深切的敬意。现在，请你们上前一步，从国王陛下手中接过你们的诺贝尔奖。

墓碑
FUNERARY MONUMENTS

美国 ｜ 恶魔岭 ｜ 2036 年

　　当某种类型的人——通常是男人——到了一定年纪时，他就想在世界上留下点什么。他问自己，如果再也无法开口为自己说话，他要如何才能被世人铭记。如果自我意识足够强烈，他一定不会喜欢那个自然而然的答案。于是，他就会以这种方式进行补救。

——罗伯特·雷·希尔

　　从得克萨斯州的范霍恩镇出发，经过一天的跋涉，你就会来到恶魔岭（Sierra Diablo）山脉锯齿状的边缘。在那里，在石质土壤、刺柏、牧豆树、矮松之上，你会看到这些"补救措施"的遗迹。在低矮、线条死板的山体中间，有几十个通过爆破和锤凿产生的人工洞穴。在这些人工掏空的洞穴中，放置着各种墓碑，足以满足那些希望让自己的故事永远在世间流传之人的野心和自负。

　　这里有一条长一公里、宽度足以容纳 10 个人并排行走的隧道。洞壁上蚀刻着如何重启文明的说明，闪闪发光。它属于一位亿万富翁，此人也是一位时尚大亨。他的血汗工厂无数次被焚毁，产品掠夺了无数土地与海洋，而他则希望人们能永远记住他的智慧与远见。

　　他是第三个在恶魔岭为自己竖立墓碑的亿万富翁。在他之后的那位更关心为后代留存人类文化的杰出成果，于是把世界上最好艺术品的复制品和铸件通通塞进了一个蜂窝状的连环洞窟。他认为，科学和技术总是可以重建的，但艺术一旦丧失便无法再造。他和他的兄弟共同拥有一家跨国化工公司，他们花了数十亿来赞助那些由数百万艺术家和潜在艺术家经营、却遭到政府关停的社会项目。

这些墓碑由不同团队设计建造，但它们在诸多方面都惊人地相似。为了实现争夺几百甚至上千年记忆的目的，工程师们摒弃了所有会随着时间的推移而损坏的电子和数字组件。就像第一位入驻恶魔岭的富豪，他留下了一座时钟，可以运行一万年之久，所用的都是石头和陶瓷组件，而非会随着时间推移而由于电腐蚀最终融作一团的金属。

这些墓碑显然不是为了当代观众而建——亿万富翁们知道自己不受他们待见，也没有建在城市广场或公园里，它们无意为当代人带来启迪或意义。因此建在偏远的荒漠当中，由私人保安公司负责把守，同时由一个神秘莫测的十亿级信托基金负责维护，并受到千孔百疮的当地法规的特别照顾。一些崇拜者会在指定时间徒步前往，但随着2030年代末的建设浪潮画上句号，随着"墓碑时尚"渐渐被人们遗忘，这些游客也鲜少光顾。

这些面向未来的墓碑，更应该被理解为在这个人类寿命不断延长的年代，富人们为自己营建的墓葬群。这个墓葬群的主人们渴望长生不老，尽管付出了努力，但他们意识到无法做到。他们又有着强烈的自尊心，不愿意效仿古人，为自己建造传统的金字塔、方尖碑或陵墓，供后人永久瞻仰。但他们很容易想到，自己留下的世界很可能陷入进一步的混乱，而对知识、艺术和思想指导的未雨绸缪——只需要花费他们财富的一小部分——就足以永远洗刷他们的名声。

这些墓碑很成功，时至今日依然屹立，与几十年前建成之时相比几乎并无变化，而且很可能在未来的几个世纪里将继续屹立。现在每隔几个月都会有旅游团前来参观，考察 21 世纪二三十年代人类的建筑方法和设计选择，但没有人是因为亿万富翁们设想的那些原因而来。尽管未来无人能够确定，但他们所渴望的"万人景仰"的场景似乎也不大可能出现。人类已经找到了将信息储存在更方便、更友好空间里的方法，人性本身的传播也已经弥合了这些人所造成的断裂。

恶魔岭墓碑纪念区的管理员、本篇开头引用文字的作者罗伯特·雷·希尔继续说道：

这位亿万富翁没有考虑通过改正错误来让人们铭记他的功德，而是决定寻求死后的名声。他对设立基金不感兴趣，因为他始终觉得穷人是不可靠的，并且毫无价值可言。他想象后世的人类更能够理解他的天才。不能说绝无可能，但至少到现在，他的天才仍无人问津。

上佛罗伦萨

ALTO FIRENZE

它真的很精致；外形与功能的融合令人叹为观止，可以和古代大师最优秀的杰作相媲美。任何艺术家都会对它的成就感到羡慕，因为它是在自然而又要求极高的画布上完成的极美之作。在太空栖息地，意大利人再一次成为设计领域的领军者，这又是多么恰如其分！

佐伊·切萨雷（Zoe Cesare）的赞美往往言过其实，但对其他同时代的评论家来说，上佛罗伦萨作为 2030 年代建筑领域的瑰宝的地位同样毋庸置疑。这座空间站代表了太空栖息地设计领域的突破，它对于我们在太空中生活和工作的方式产生了巨大的影响，以至于我们今天还在用"前上佛罗伦萨时期"和"后上佛罗伦萨时期"进行划分。上佛罗伦萨至今仍基本完好，这又称得上是一个小小的奇迹。它已经成了一个历史古迹，价值不可估量——但也许我说得太早了。

作为一个在近地轨道上容纳 100 人的太空栖息地，上佛罗伦萨的构想诞生于 2020 年代末。与其他太空酒店或是各国的研究站不同，上佛罗伦萨的设计拒绝了 20 世纪以来的实用主义风格。这里不欢迎丑巴巴的白盒子或单调的城市建模，相反，这个空间站将优雅与时尚汇集一身，由都灵经验丰富的建筑工程师指导配件和模块的制造。

上佛罗伦萨财团于 2032 年开始进行空间站的轨道上组装，利用了 SpaceX 和西门子—富士康之间竞争所带来的廉价发射能力。6 个相连的充气模块构成了空间站的主体，对 BA—3704 计划进行了大量修改。每个模块的加压容积为 3700 立方米，能够容纳 25 人，既舒适又美观。其中配备了休息室、睡眠舱、浴室、观察区和专用餐厅，由佛罗伦萨著名的"五人小组"（Group of Five）设计。

　　经过 4 年时间，上佛罗伦萨空间站主体基本组装完成，其最初的商业计划，即作为酒店及度假村综合体，这时已经有些过时。近地轨道上同类酒店之多——此时建成的已有 14 家，另有 20 家尚在建设当中——导致预期利润大大降低。上佛罗伦萨财团决定保留 2 个模块作为酒店，供乘坐新型 SpaceX 隼进行太空游的游客使用，将 3 个模块改造成会议中心，最后一个模块则作为轨道艺术馆和博物馆投入运行。"五人小组"的两名成员前往空间站，亲自监督工作人员安装宏伟的星象仪状吊灯，以及空间站其他部分细致的分型分层设计改造。

　　尽管财团的决定在大多数观察家看来过于乐观，但不容忽视的是，当时在轨道上半永久生活的人口已经远远超过 5000，而且增长迅速。与在地球落差极大的重力井中上下穿梭相比，站际转运所需的能量可以忽略不计，飞行器成本也是，因为它们并不需要进入大气层。

　　财团赌对了。人们对于集体活动和探索的渴望，令上佛罗伦萨在质疑声中逆势而上，作为一个颇受欢迎的聚会场所蓬勃发展，在 2030 年代末和 2040 年代初举办了多次零重力展和艺术品展，以及不计其数的轨道会议和委员会会议。上佛罗伦萨的成功，与不断增加的轨道人口一道，见证了更多通用型空间站的出现：EDX 校园区、著名的海因里希与罗宾逊分布式商业综合体都是 2040 年代中期利用猎鹰超级重型工作母机火箭和更加先进的激光发射器建成的。实际上，罗宾逊管理层最初的规划会议还是在上佛罗伦萨召开的。

但一切终将过去。2040 年代末，上佛罗伦萨开始从时尚的顶端滑落，更大、更先进、建筑风格更激进的栖息地不断落成，通常取材于捕获的小行星和月球喷出物。即便增加了一系列豪华的模块，上佛罗伦萨也无法扭转自己日渐从公众视野中淡出的趋势。

最终，在 2051 年，上佛罗伦萨被雷诺兹矿业公司买断，并在 2052 年提升至 L5 轨道，就在"大倾泻"发生前几个月。于是，上佛罗伦萨成为近地轨道上唯一幸存的 21 世纪早期栖息地——其余栖息地都已被摧毁、脱轨或拆解打捞。

如今，上佛罗伦萨作为博物馆被保留下来，并回到了原先的轨道上。飘浮在上佛罗伦萨的富丽堂皇之间，让人不禁有种回到了"高边疆"的恍惚之感。那是"超资本主义之夏"转入秋日的时刻，接下来的转变正在世界各地以及世界之外萌发。

治疗仇恨

A CURE FOR HATE

今天的事物是 2036 年至 2037 年间有关人格编辑实践的文章摘录，这种实践在 21 世纪后期变得普遍。

赫尔辛基，2036 年 6 月

24 岁的基尔科努米市民伊尔马里·科斯基宁，被指控于去年 8 年在当地酒吧刺伤了一名学生，今天被宣判严重伤害罪成立。与以往不同，科斯基宁可以选择被判处 10 年监禁，外加标准的 POI 惩罚（永久监视和干预），不过他也可以选择参加由伦敦大学学院的马蒂教授开创的新型仇恨治疗基因疗法的试验，尽管这一试验尚存争议。科斯基宁选择了后者，治疗预计在 9 月开始，由医疗评估结果决定。在宣判过程中，遭到科斯基宁袭击的受害者贾尼·哈勒坐在法院后排，保持沉默。他的家人们没有对媒体发表任何评论。法律专家认为：

设想一个虚拟世界。这个世界由大陆、海洋和群岛组成，和我们的世界类似。数以千亿计的智能代理散布在这些大陆和岛屿上，每一个形式上独立的代理都在对其他代理发出的信息进行接收、处理，并继续向其他代理传输。这一系列举动使得这个世界以一种连贯的、有序的状态运转。

你观察的这个世界位于一个由 10 亿个其他世界构成的星系中。你注意到，这个世界的状态很糟糕。它的行为违背了自身以及其他世界的利益。于是你进行仔细检查，发现出错的原因是一个程序缺陷，导致一块大陆上的几十亿代理受到影响。它们无法正确地传递信息，而这正是这个世界出现故障的原因。

你要怎么办？你在虚拟中释放了一个病毒，病毒的目标是那些有缺陷的代理。它将对这些代理的代码进行重写，实现修复。为了确保它们始终处于正确的状态，你还令病毒一直留在这个虚拟世界中，方便日后的修复，无论是通过病毒还是其他侵入性较低的方法。

这是一种优雅的、有效的方法——而且肯定比其他选择更好，无论是放逐、惩罚、处决，甚至是更糟糕的……

自 2010 年代初以来，人们便了解到血清素水平降低对于前额叶—杏仁核连通性的影响，以及对愤怒情绪控制能力的损害。尽管血清素水平会随着压力或饥饿等原因在大脑中产生波动，但一些个体被观察到，他们的血清素水平会随着成长不断降低，这是遗传因素组合，包括 p11 蛋白水平较低等原因造成的。

近 30 年来，人们一直在以各种名义进行提升相关领域血清素水平和受体的基因治疗试验，试验对象从大鼠开始，到灵长类动物。2020 年代初开发的治疗方法已经能够在一定程度上克制攻击性行为，但伦敦大学学院实验室的一项突破性研究，通过将标准病毒载体与通过经颅磁刺激对特定细胞群的反复"调试"相结合，已被证明更加有效。同一目的的研究，采用光遗传技术，通过 LED 植入物植入视蛋白基因，也能够取得类似的效果。

但并不是所有患者都可以采取这种疗法进行治疗，例如那些攻击性行为并非由于……

"感谢您带来的富有启发性的讲座，马蒂教授。时间有限，我们这里有几个听众问题，如果您不介意，我想把它们放在一起提问。"

"没问题。"

"来自坦佩雷的海伦娜提问，我们如何才能确定某人的攻击性行为倾向已经被治愈，以及我们是否不应该再把人关起来，作为预防措施。来自奥卢的阿克塞尔想知道，您的治疗方法是否可以用于治疗抑郁症和自闭症等疾病。最后，来自瓦萨的凯克表示，没有人有权在他人非自愿的情况下改变他们的性格，这简直比任何惩罚都要可怕。"

"谢谢各位。我先回答最后一个问题，来自凯克的问题。我们得面对现实——剥夺一个人的自由，让他们蹲 10 年大牢，这可不是说着玩的。这段经历对他们的影响肯定比我的治疗要大得多，而且无论监狱系统再怎么进步，他们出来之后只会变得更糟。监狱并不能帮助他们控制自己的攻击性倾向，毕竟这是生理层面的问题，不是我们一厢情愿所能解决的。而且监狱会让他们更加仇恨社会，与社会脱节。

"与其回到原始的惩戒观念，不如保留他们的优点，改正他们的缺陷。我的治疗既保全了社会，也保全了个人，这是个两全其美的办法。

"至于我们如何确定治疗有效性的问题，我们现在有非常全面、彻底的手段，包括模仿游戏等。我们还将使用最好的扫描仪，需要对……"

《上海六侠》

SHANGHAI SIX

中国 | 上海 | 2036 年

亿万富翁张宇凭两点闻名：他在非法认知增强剂刺激下获得的超凡智慧，以及他的冷酷无情。他已经摧毁了所有绊脚石，而现在，他计划进行迄今为止最危险的尝试：骗过所有人，以便入主权力中心。

军队和警察都已经对他俯首称臣，有谁还能阻止他呢？只有一群名不见经传的小人物。他们能否搁置分歧，完成 21 世纪最大胆的劫案：潜入张宇位于上海的超级公司，盗取他的人工智能核心？

赶快加入进来，就在这个夏天……成为迪士尼／星灵"上海六侠"的一员！

我手上有一枚炸弹。不必惊慌。这只是来自迪士尼档案馆的一件道具，上面有电线、按钮、锁扣、数字读数，以及所有你能想象到在伪装炸弹上该有的东西。尽管不会产生任何实际影响，但它肯定有资格成为有史以来最受关注的炸弹之一，在 2036 年《上海六侠》发布期间成为全世界瞩目的焦点。当然，它已经被一位玩家拆除，不过首先我们还是要了解一下它诞生的背景。

到 2030 年代，大多数娱乐都是被转换为数字游戏形式的消费，几乎不需要任何边际劳动。然而，另类实境游戏（ARG）———一种结合了增强现实和人类演员的游戏，提供了独特的亲身体验，专注于真实世界的物理互动，比如在真实的空地上奔跑，躲避（虚拟的）飞机扫射，或者是试图说服（假扮的）银行家通过远程呈现泄露机密。这样的游戏可以通过利用志愿者劳动实现，但也会因涉及成千上万的演员和协调人员而产生巨大消耗，成本不亚于一次月球旅行。

21世纪初，迪士尼对ARG游戏进行了第一次尝试，地点是迪士尼未来世界（Disneyworld's Epcot Center）。而在2010年代末和2020年代初，他们开始在其各个主题公园、度假胜地和游轮上推出更加具有野心的多人增强现实景点——所有景点的环境都完全受控，其传感器密度水平令其他公司在10年内都只能望其项背。

他们早期设计的ARG体验大多时长较短，只持续一天左右，并没有达到很多人所期望的完全沉浸的程度。然而，这种体验成功挽救了陷入困境的迪士尼主题公园——考虑到VR游戏的激烈竞争，这一成功的意义不容小觑——并成为迪士尼的新"撒手锏"，即总部设在加利福尼亚和上海的星灵集团的跳板。迪士尼／星灵的座右铭是"我们创造英雄"，该集团有3个目标，体验总监迈克尔·查特菲尔德（Michael Chatfield）曾描述，到2042年：

第一，我们要创造出超越迪士尼操控环境的体验。面对现实吧，睡美人城堡或许看上去确实让人印象深刻，但它无法与巴伐利亚的真实城堡相提并论。第二，我们想让更多人参与到ARG当中，不仅仅是一百人，而是几十万人。越热闹才越有意思，不是吗？当然，这里有经济效益的考虑，《上海六侠》每运行一次，每个主角会给我们7位数的报酬，但这只能勉强覆盖我们成本的五分之一。

所以，第三个目标是，我们要让人们花钱为我们工作！我们成本的一半将由数以万计的客串角色解决，他们花钱买下反派、帮手、龙套、支线故事里的角色，诸如此类。这些家伙喜欢玩角色扮演，而且他们都会有属于自己的小故事！没错，其中一些人需要我们设计台词，但在我们提供的支持和道具的帮助下，他们大多数都能很好地完成工作。我们有个B角，曾有机会从3000多米高的北京上空跳伞，同时动手拆除电磁脉冲炸弹，真是了不得！当然，不用你们问，当时一直有3架安全无人机跟着他。

当然，对于真正重要的角色，我们会花钱请专业演员。但现在我们不少专业演员都已经待业很久了。每当我们在一个城市宣布要搞大型ARG活动时——轰！成千上万人会跑来排队报名做志愿者。如果我们选中了你，而你的表现又足够好，你就会得到星灵积分，星灵积分可以让你在未来的游戏中获得更好的角色。它不能作为货币使用，但一定很有意思。

不过我们从不会给主角扮演者积分。我们不希望他们为得到高分、解锁成就和徽章分心。他们经历的是纯粹的、不加滤镜的、史诗般的故事。每当想到我们让那6个人做的事情的时候，我自己都会兴奋得发抖。我们会占领整个城市，从地铁到高楼大厦。我们要让大家一起愉快地玩耍。整个故事将由星灵控制中心负责策划，每个参与者只知道一小部分。所有这些都是为了一次奇妙的、难忘的体验。

实际上，迪士尼在ARG的技术层面并没有多少创新，能够让迪士尼成功协调数千名游客和演员的技术支持，部分源于开源的送货机器人、交通管理系统，以及专有的模仿脚本和代理。

然而，迪士尼／星灵真正的创新是对于创造力的解放。他们将

　　　　　　　　　　　给91件未来事物写历史

上万个大大小小的故事连缀成一个整体，让数百万人在经过事后编辑的电视、小说和 VR 版本中进行探索、观看、阅读和回放。今天，我们将《上海六侠》视为与《卡萨布兰卡》《天下》同一量级的娱乐业里程碑，而星灵的辉煌还在后面。他们的代表作《城》，将在 10 多年后问世。

马尔默新图书馆

NEW LIBRARY OF MALMÖ

瑞典 | 马尔默 | 2037 年

走在马尔默新图书馆里可能会感到不安。为了保护里面的珍贵资料，馆内始终灯光昏暗，温度也很低。你会在过道瞥见黑暗、笨重的机器，进而把外套裹得更紧。叽叽咕咕的奇怪声音和突然插入的震荡回声沿大厅传入馆内，足以令神经紧张的作家一跃而起。

不过在参观时间，这里的景象就大不一样了。窗户开启，温柔的阳光照在图书馆桌子上整齐摆放着的数千台几十年前的电脑和设备之上，显出庄重的气派。

今天我们的事物不只是一台电脑，而是这座新图书馆的馆藏本身，以及它所承载的意义：对已经灭绝的数字技术进行研究和保存。今天和我一起展示馆藏中一些特色藏品的，是这座图书馆的馆长迈克尔·斯特劳姆利（Michael Straumli）。

你可能会觉得奇怪，既然现在进行虚拟机器模拟已经非常容易，那么建立这座新图书馆有何意义？既然我们已经能够随时随地面对数字化的计算机，为何还要费心费力保存实物？好吧，原因在于，尽管很多流行的、重要的机器都已经有了虚拟版本，但大部分设备并没有。

有的是因为它们的操作系统源代码已经丢失，或者更常见的原因是，我们的上一辈人急于升级新技术，导致很少能有工作样本保留

给 91 件未来事物写历史

到今天。而且即便一些特定机器可以通过虚拟化再现，但再现后的机器无法反映物理硬件本身的怪异特质。正如斯特劳姆利告诉我的，对于存在错误的线路或是有缺陷的微芯片，人们通常无法解释，而程序员必须想方设法绕过这些障碍，或是加以利用。

标本匮乏是斯特劳姆利始终无法避免的问题。"我们花费了大量预算寻找更多机器，"他说，"通常我们会保留 3 件副本，以免冗余。但对到这里访问的学者来说，机器副本总是多多益善。我不反对他们在这里做虚拟处理或是物理模拟。上周有一些来自帕森斯的学生，使用高功率 X 射线断层扫描技术对这里的机器进行了逆向工程。但原始硬件是无法取代的。这意味着我们必须时常接通电源，启动它们。我们尽量保证每 6 个月启动一次。"

新图书馆目前正在进行的最吸引人的项目之一，是"完整历史计划"（Total History Initiative，THI）。该计划的目的是构建一张完整的地图，将 1960 年至 2010 年世界上每个人的联系、移动和行为记录在案。从根本上，这个计划将通过利用从历史事件的模型和模拟中收集到的数据，而非过去历史学家使用的更为主观的宏观层面技术，对人类在小群体以及大群体的互动实现更加深入的了解。较之以往只关注、只考虑所谓伟大人物的个性与决定的历史书写，该计划旨在关注数百万人，关注他们的经历、努力、言论和创造所产生的事件，而这些事件又是如何通过年复一年、日复一日、分分秒秒的积累，将世界塑造成今天的模样。

这是一个相当有野心的计划，我想你会同意这一点。

现在，该计划的研究人员正在检查一台 1997 年生产的惠普光学扫描仪。得克萨斯州大学布瑞肯里奇医学中心曾利用它来扫描医疗记录。"他们感兴趣的不是扫描的文件，那些文件应该早就被粉碎了，留下来的数字副本也足够完善。"斯特劳姆利对我说,"不,他们希望通过观察扫描仪操作员在把文件塞进机器口时双手的轻微抖动,发掘她的情绪状态。当然,在观察到这一层面的情况下,你必须对扫描仪工作的具体方式有准确的认识。"

该计划正在与悉尼大学合作展开这一特殊项目。在 1990 年代,大约有 80 万台这样的惠普扫描仪被人们使用。悉尼的研究人员希望通过它们产生的图像数据,将事件和群体以及个人联系起来,比如那些利用手写识别来处理的匿名选民记录、学生的考卷以及医疗记录。所以,这些老式扫描仪对很多人来说都很重要!

有人会认为,一台光学扫描仪在它所显示的正常规格和实际性能之间不会有多少差别。这个观点是错误的。研究人员已经在固件和硬件中发现了六七处特异之处,这些特异之处会让扫描出来的图像以某种细微的方式被改变。这是新图书馆的旗舰项目,但有一点让斯特劳姆利感到不安,那就是塑料。

1980 年代和 1990 年代的很多技术都依赖于塑料。这种材料质量轻、便宜,而且还足够耐用。而我们面临的问题是,这些塑料放到今天,只要有人触碰便会开始分解。如果你见过你父母或祖父母家里那些丑陋、发黄的设备,你就会理解我的意思。这种分解会导致机器形变,从而令它彻底报废。

对 THI 而言,了解这种形变是如何随着时间的推移作用于扫描仪,并对其性能造成影响的是非常重要的。他们可以从中获得线索,解释他们复原的图像数据。问题是,一旦他们对扫描仪进行物理测试，这些机器的损伤会更加严重。 当然，我们可以对零件进行更换，但不能完全保证按照以前的方式进行。 所以，即便是 *THI* 的研究人员，在利用手套工具或远程操作等方面都会格外小心。 但每当看到我们的机器被人使用时，我都会忍不住感到一丝的担忧。

最终，斯特劳姆利的期望是，对新图书馆中的机器进行更先进的非侵入式扫描，以获得近乎完美的物理模拟。 这样就可以省去大部分直接触碰的工作，令机器保持原貌。 但他也对 THI 的动机充分理解。

在世纪之交，由于粗心大意，以及企业和政府出于保护隐私目的而进行的破坏，当时的很多数据都没有得到妥善保管，现在我们的历史学家正在为此买单。 这让我们必须珍惜从那个时代得到的每一块信息碎片。 就像历史学家所说，只有了解过去，我们才能模拟未来。

现在，斯特劳姆利已经同意向我展示新图书馆中两件仍可以正常工作的珍品：雅虎地球村（GeoCities）的原始服务器，以及超级任天堂游戏主机（Nintendo Super Famicom Games Console）的初代机。

高街秘密生活

SECRET LIFE OF THE HIGH STREET

英国 | 伯明翰 | 2038 年

以下内容节选自《高街秘密生活》，一位年轻人发表的文章。

你有没有想过，繁忙的高街背后正发生着什么？当你去理发或是吃东西时，很容易忽略维持街道平稳运转的信息和技术网络——尽管它们不像最新款的头带那样令人兴奋，但同样意义重大！

那么，就让我们从……垃圾堆开始吧！你可能会认为，垃圾算得上什么呢？毕竟，保证街道上不出现口香糖、包装纸和塑料废弃物会有多难？好吧，想想看：不过是在 50 年前，走在任何一座城市的街道上，这些垃圾都还随处可见！在那之后，我们可能变得小心了一些，尽可能减少使用包装物，但像"清洁尾刷"（brushtails）这样的清扫机器人的出现才是真正的转折点。

多亏了这些不眠不休的帮手，街面上很少再有垃圾会停留超过两分钟。但我们也不能把功劳全算在清洁尾刷头上，如果仔细观察，你就会发现，大多数时候，它们都无法自主发现垃圾。相反，它们是靠嵌入铺路石的微小定位器的引导，才找到垃圾的，有时垃圾刚掉落几秒，它们就会"赶到现场"。

每平方米人行道上都安装了一个这样的传感器，只有蚂蚁大小。它们相互连通，构成了掌控一切的街道网络。一旦发觉异常，比如

给 91 件未来事物写历史

一个垃圾大小的物体落在地上，它们就会呼叫清洁尾刷；而如果遇到更糟糕的情况，比如一个大号人形物体砸在地上，它们便会紧急呼叫救护人员。

这些定位传感器不只是为了解决意外情况而布设，它们还会不间断地提供超精准的定位信息，从而保证即便是在最恶劣的天气条件下，我们的眼镜和镜头也能够正常工作，清洁尾刷能够知道自己的位置，前往自己需要去的地方。这便是机器人与人能够实现如此顺畅的相互导航的秘密。天黑之后，这些传感器依然在持续工作，协调"考瓦拉"和直升机对高街的重要部分进行检查和维护，从长椅、充电环到路灯和鸟巢。通过在夜间完成这些工作，它们避开了人流，同时聪明地利用了廉价的电力。

但是，我们来到高街，也不是为了欣赏它的整洁。我们来到这里是为了跟朋友见面、购物、谈生意！所以，让我们看一看街边的典型建筑——咖啡馆。

现在，这里有各种各样的咖啡馆，有的已经有一百多年历史，由砖块和灰泥建成，但大多数是世纪之交时传统的钢筋与玻璃合成风格。而这两种咖啡馆共同的特点是，它们都是在大多数人拥有眼镜和镜头之前建造的。这就是为什么它们占据了这么大的空间，还留下了众多固定广告与标志的配件。你能想象，曾几何时，人们还需要爬到梯子上，把海报贴在橱窗上，只为了让其他人知道最近的促销活动吗？

最近建成的当代咖啡馆和商店已经大不相同。其中没有多少空间留给固定的东西，而是允许店主和顾客能够轻松地改变店内陈设，这就是为什么它们的内墙、窗户、台面和门都可以移动，有时需要借助无人机，有时自主便可完成。只有外墙是固定的，在最近的杰出张力整体结构建筑中，连外墙也无须固定。

这种变化的原因很简单：这样一来，顾客和店铺都能够更有效地利用高街稀缺的空间资源。一家店铺只能作为服装店或美发店，每天营业8小时，显然是一种浪费，而如果之后能将它改造成餐厅或酒吧，这个问题便在一定程度上得到了解决。当代建筑可以让店铺迅速改变经营方式，为大家节省开支，同时也有助于提高高街的多样性与活力。

而这便引出了另一个重要问题——时至今日，人们为何还要去高街消费？好吧，让我们先看看2000年的状况。那时候，人们在高街买各种东西，吃的、玩的——别笑！——还有书籍、音乐、视频。如今我们已经不会直接购买实体商品，只会租用更便宜（更好）的数字服务。剩下的大部分实体商品，比如食品、玩具，都可以快递到家。听上去当年在高街购物似乎很有意思，但是再想想吧！在20世纪末和21世纪初，无论身在上海、悉尼还是旧金山，你看到的都是同样的商店，同样的产品。大规模生产、大众传媒和大规模融资在当时还是非常强大的力量。连锁店要等到很久之后才会逐渐退场，被更多独立的、原创的店铺取代。而当时在连锁店工作的人们也无法体会到乐趣。工作时间长、工资低，再加上不够稳定的经济状况，他们工作的目的只是售卖最新款廉价时装，或者是空有噱头的咖啡。

当然，当时的人们去高街不只是为了买东西。他们会在那里见朋友、吃东西、喝饮料、做美发或皮肤保养。换言之，他们在那里是享受在家里进行过于昂贵，或是无法充分体验乐趣的服务。今天也是这样。如果想做皮肤护理，你很难在自己家的卧室里安装全套设备，如果想跟十几个朋友一起吃饭，市中心往往是最方便，同时也最有趣的选择。

接下来，我们来谈谈交通问题。如果仔细观察人行道附近的路面——可能需要看一看摆放在那里的桌椅下面——你会看到一些黑乎乎的奇怪部分。这些部分有线条标记，或是干脆框了起来。它们是昔日"停车线"和"停车位"的遗迹，现在油漆已经被刮掉了。"停车位"是过去人们手动驾驶汽车时——没错，真的要用手，还有脚！——的产物。当他们要去上班或购物时，需要把车停在路边，一连几个小时占用宝贵的空间。能生活在今天这样的世界，实在是值得庆幸。

新世界
NEW WORLDS

地球 | 2038 年

2038 年的一个夏夜，在全世界最大的 100 座城市上空，同时出现了一支软式飞艇队。这些飞艇外壁轻薄，表面映出代表当地的种种放大图像，如梦似幻。数万名地面上的表演者和萤火虫也加入其中，在天地之间翩翩起舞，缓缓前行。物理现实中的每一块显示屏、每一架投影仪都在延伸这一场景，在时代广场、人民广场、涩谷、邓达斯中央广场、皮卡迪利广场等地构成精美绝伦的、碎片状的全景图。

起初，几乎没有人注意到天上的情景。他们的视野被眼镜或 Sopol 的增强现实环境占据。但人们一个接一个地在街头驻足，或许是他们眼角的余光注意到了真正的火花，或许是他们的朋友发来了一个表示惊奇的象形表情，再或者他们只是注意到了别人在仰望天空。他们摘下眼镜，或是切掉镜头，也跟着抬头看了起来。

就在几个小时后，最不寻常的事情发生了。世界上数以亿计的观众一同注视着现实世界中种种事物的剪影，实时观看舞动的图像、迷人的艺术品和老电影。

当这场博览会在凌晨时分接近尾声时，显示屏纷纷转为深红色，仿佛在向即将到来的黎明致敬。而在深红色背景的上端，一串简洁而优雅的文字缓缓浮现：可口可乐。

在 21 世纪二三十年代极其惨烈的增强现实竞赛中，各大品牌、广告商、艺术家纷纷用各种炫目的、耸动的、令人烦躁的，偶尔极其出色的虚拟物体和环境覆盖了这个世界的每一个角落。任何噱头和优秀创意都无法持续很久：要么被扼杀，要么在几天甚至几小时内被复制。但有一种办法肯定能在那个时代夺人眼球：回到现实。

尽管未曾透露这一创意花费了多少资金，但可口可乐的"新世界"企划被认为是广告史上最烧钱的噱头。它也确确实实——尽管非常短暂——盖过了增强现实媒介的风头，而这种风头在很长一段时间都让从业者趋之若鹜。

在这艘保留下来的飞艇和其他数百艘跟它一模一样的飞艇助力下，可口可乐公司的产品销量在全球范围内激增，尽管这一结果究竟是因为广告创意，还是随后大量派发的优惠券，仍有待商榷。不管怎样，到今天，人们并未把"新世界"看成一次胜利，而是一个既可疑又刻意的当代浪漫主义运动案例，证明了这一运动的飞速发展——或许还可以把它看成品牌和广告的力量已是强弩之末的决定性时刻。

"广告对我们日常生活的主导权是何时开始弱化的？今天的普遍看法把矛头指向了增强现实的引入。凭借其高效的无限存储，增强现实导致虚拟展示的广告大量增加——紧接着便是对其破坏性的恐惧，数字广告拦截器开始威胁要消除或屏蔽所有虚拟广告。作为应对，一些媒体公司寻求证明广告拦截器非法，另一些则开始推出含价格补贴，甚至是免费——但无法屏蔽广告展示——的眼镜。少数人有明确的目标定位，会通过过滤器生成专属的广告推荐，但最终的结果是造成了诸多干扰和混乱。"这是爱丁堡大学媒体研究主席克里斯多弗·佩恩（Christopher Payne）的观点。不过佩恩认为，增强现实并不是真正的转折点，还有更大的因素在起作用。

请允许我讲一个小故事。如果回到 18 世纪的英国，你会看到两个重大转变正在发生：城市化和工业化。普通的城镇居民现在有更多机会接触到更多有吸引力的商品。他们的选择很多，比如在买鞋或者工具等方面，不再只能买他们村里的东西。

所以，我们可以设想一下，假如你是个做鞋的，你需要通过打广告来让人们注意到你的产品，并在市场竞争中脱颖而出。如果你不断获得成功，并且经营了足够久的时间，你可能就会建立起自己的"品牌"，以防止竞争对手用他们劣质的、低价的同类产品冒充你的产品。在这种情况下，广告和品牌建设都是很有意义的，即便需要投入大量资金。

这样的状况持续了两三个世纪——随着人们的收入增加、推广机会增多，广告变得越发复杂和重要。实际上，我相信广告业的巅峰是在 20 世纪后半叶的某个时期。随着大众传媒与大规模生产相结合，广告获得了空前的覆盖范围。他们对受众注意力的控制，令他们在一定程度上能够创造欲望——今天的欲望调节手段在他们面前都是小儿科。

但到了 21 世纪初，事情起了变化。由于微制造、大规模定制和数字商品的角色越发重要，消费者拥有如此丰富的选择，导致商业公司只能最大限度地投入资金，才有可能取得压倒性的胜利。而随着互联网的发展，人们在选择商品时，不再简单地根据电视或广告牌上的内容，而是基于程序驱动的社交推荐。在互联网时代到来之前，人们倒也不是不关注朋友们的意见或是商品评价，但互联网让信息获取变得越发容易，从而使得消费选择的平衡开始向消费者倾斜。

佩恩的观点得到了很多当代学者的认同，他们还指出了搜索引擎和后来的个人智能代理在捕捉和引导消费者的"购买意愿"向最合适的厂商靠拢方面所具备的力量。有一个时期，搜索引擎和代理也支持付费广告。但到了21世纪二三十年代，它们逐渐向佣金／推荐的混合模式转型，代理制造者开始收取销售分成。

　　于是，可口可乐、宝洁、卡夫和其他类似的品牌逐渐在与其他廉价、高品质，并且往往高度目标化的产品竞争中落于下风。后者的生产往往还受到了自动化制造服务的帮助。而随着品牌替代组织的出现，它们开始利用自动的"道德补偿"定价来推广品质相当的仿制饮料和服装，导致这些大品牌再遭重创。面对对于传统广告手段越发免疫的大众，大品牌只能打起价格战，试图短暂获取市场份额，或是依靠上一代人的怀旧情结收复失地，尽管这力量也越发微弱。

　　当然，在媒体领域，很少会有东西真正死去。对于那些高利润率的商品和服务，花钱吸引受众注意还是很有必要的。毫无疑问，每一个看过可口可乐"新世界"推广的人都会赞赏他们所付出的努力。这款软饮料在当时的销量增加究竟是因为广告还是优惠券，如今已无法得到准确的答案，这多少有些遗憾。但"新世界"之后再无如此盛大的广告奇观，或许已经足够说明问题。

乔治王子

PRINCE GEORGE

英国 | 伦敦 | 2038 年

以下内容摘录自开放获取的科学杂志《科学公共图书馆·综合》（*PLOS ONE*）。

Q：乔治王子，你被一些有识之士描述为"下一个伊丽莎白"，这些人也认为你将成为"英国第一位现代君主"，你对这些有何看法？

A：非常尴尬！我觉得我配不上这样的赞誉，尤其是在我这年纪，况且我到现在也没有取得什么真正意义上的成就。有很多人，无论是否出身皇室，他们都比我做了更多事情。

Q：但客观来说，你在过去 5 年里确实取得了一些令人瞩目的科学成就。鉴于其中大部分都是匿名获得，我们可以认为这些赞誉都是真实的，而非那些狗仔记者搞出来的东西。所以，跟我们说说，你当初为什么要选择追求科学呢？

A：而不是掌管军队？好吧，我跟我的父亲确实有过一些……有趣的……讨论，关于我是不是应该在剑桥毕业之后去部队里谋个一官半职。但他已经放弃了，我永远不会像他或者我叔叔哈里那样，成为威尔士下士。我猜这大概跟我 8 岁时在白金汉宫建立的实验室有关。

给 91 件未来事物写历史

Q：在你还是个孩子的时候？

A：（停顿）如果以王子的身份长大，所有人永远都在观察你，对你品头论足。他们感兴趣的并不是你本人，而是你代表的东西。虽然我知道我的父母，当然还有我的祖母，他们都因为狗仔记者的监视过得很辛苦，但现在的监视比当年更甚。只要迈出家门一步，我就一定会被监视，每一秒的举动都会被他们仔细审查。

不过，虽然我在现实世界里没有隐私可言，在网上倒是自在许多。我们很幸运，白金汉宫里有非常棒的系统管理员，他们为我设置了非常棒的代理服务器和 VPN。拜这些所赐，我过着一种平行的生活。在网上，我可以跟人们交流，向他们学习。我发现科学是我能够做出贡献的领域之一，它不会因为人们知道我是谁而动摇。这是一个充满协作精神、非常开放的世界——就像你们的杂志一样！

Q：你是说非常平等？

A：（笑）没错，也可以这么说。不过你要是打算问我关于公投的问题，你知道我是不能回答的。

Q：好吧，但我还是不能不提。先是澳大利亚，然后是 3 年前的印度——看来君主制危在旦夕。但既然你不能回答这个问题，那么你对自己这么快就坐上王位有什么想法呢？毕竟你父亲还算比较年轻，身体状况也不错。

A：我父亲告诉我的时候，我跟你们大家一样惊讶。我都还没结婚呢！

Q：这个对现在的很多人来说，倒不算什么大事。

A：确实，不过传统并不总是那些我们应该抛弃的东西。通常情况下，它还留在我们身边是有原因的。承诺和婚姻理想直到今天仍然能引起很多人的共鸣。

Q：这话肯定没错，但我不确定你的祖先们会不会认可我们现在的合约婚姻。

A：我们今天很多东西他们都不会认可，不管是电力、机器人还是空间站。但别忘了，我的祖先们也很有开拓精神。英国国教确实可能是他们创立的，但那是因为亨利八世想离婚！他们可能没法认可我们现在的合约婚姻，但我觉得他们也不一定会反对。当然，合约婚姻现在还不合法，而且可能在未来一段时间内依然如此。

Q：你的加冕日定在明年夏天，你打算如何平衡你的基因重组研究和你作为国王的职责？

A：我希望自己能从容应对，那一定要付出很多努力！

复合自主单元主管

MULTIPLE AUTONOMOUS ELEMENT SUPERVISOR

阿布哈兹 | 2039 年

以下是 2042 年的一篇文章，发表于挪威科学杂志《科学图志》（*Illustrert Vitenskap*）。

"菜就得当天摘，当天做，不要等到第二天。吃的就是个新鲜，知道吧？"

我在距离挪威索尔斯特兰德约 1 小时车程的一座小农场见到了朗希尔德·埃格纳，她正在为当天的晚餐收集食材，准备在家里招待 16 位客人。"其实一般也不用我自己动手，但我觉得到这里来，教教我的助手们该怎么干活也是好的。而且，"她继续说，"这点活我自己也能干。"

埃格纳的"助手"，是一批杂七杂八的退役军用无人机，经过重新编程和改装，它们完全能应付经营一家小餐馆所需的工作，从打蛋、准备甜点，到上菜、推荐酒水。这些无人机算不上非常智能，需要埃格纳定期监管。最近你去过的任何一家高级餐厅都会使用更加智能、自主的机器人，不过在埃格纳的故事里，"需要人类监管"才是重点。

如果回到 10 年前，埃格纳完全不会想到自己会经营一家餐馆。当时她刚以第一名的成绩从挪威军事学院毕业，并被立即派往北欧联盟快速反应精锐派遣部队中任职。作为一名复合自主单元主管（Multiple Autonomous Element Supervisor，MAES），埃格纳中尉与其他 289 名军官一道，负责管理北欧联盟最有力的武器。在 20 世纪的军队中，通常需要有几十万人类士兵，配以步枪、坦克、飞机、大炮，所有这些都要以一个小城镇大小的基地作为依托；而在 21 世纪，一名 MAES 便可以控制一个由数百架军用无人机和武器吊舱构成的网络小组，其火力超过传统部队的一个营——那不过是上个时代的事。

　　埃格纳努力适应自己的新角色。这支部队要求军官人人都能决胜千里，而实现这一目标的唯一方法便是把自己交付给网络部队所提供的感官和信息。很多军官无法适应这种超感官的整合，但对于那些能够适应的人——包括后来的埃格纳，他们的无人机就像是自身纯粹意志的延伸。一些心理学家认为，早期接触一些紧张激烈的策略类游戏，有助于 MAES 实现这个整合过程。他们不无玩笑意味地宣称，这些军官的胜利"是在《星际争霸》的杀戮场上赢得的"。

　　"这是一种难以想象的刺激，"埃格纳说，"我们是全新的战士，比老兵更聪明、更迅速、更优秀。我们能够在几天内到世界任何地方出任务。在车臣事件之后，我们还套上了北欧联盟道德优势的皮囊。"2039 年，她的能力在阿布哈兹受到考验，起初是一场和平的分离运动，但很快演变成暴力革命。其间一系列混乱的政变，导致国家军事权力三度易手。当地的基础设施迅速被破坏、功能受限，或是卡死在无法使用的状态，导致了一场大规模的人道主义灾难，殃及数百万人。

　　北欧联盟、欧盟和非盟的快速反应部队在 4 天内抵达战场。由于俄罗斯境内的维和工作尚未结束，联军的力量捉襟见肘，埃格纳被赋予了比她接受训练时更重大的责任。没过多久，问题出现了：叛乱分子逃跑；信号情报无法有效跟进；无人机部队损失严重，需要长时间的维修才能恢复正常。

然而，接下来的情况变得更加糟糕。埃格纳解释说：

每天我们都会把叛乱地区的风险等级分为高、中、低三档。我监视的小镇被判定为高度风险地区。我们不希望西西里的事情重演，因此无人机的自动匹配模式被事先开启。当我们监测到有数百人在学校建筑旁突然集体活动时……无人机便准备发动攻击。我记得当时我看到的几个警告图标，那是无法确定眼前的情况确属敌对行动的信号，但我没有时间进行确认。所以，我没有行使否决权。

自动、自主武器从 20 世纪末开始投入使用，美国、韩朝统一体和以色列是这一领域的排头兵。起初，它们都是作为固定防御系统进行部署的，需要人类明确的指令才会开火还击。不过渐渐地，它们的功能开始扩展。它们获得了轮子、腿和翅膀，地位由防御变为支援，再到跻身攻击阵列。越发降低的成本、不断扩大的攻击范围，再加上政治家的野心——希望消除战争的伤亡，意味着它们的规模一再扩大。

最关键的是，这些武器变得越发自主，能够独立观察、定位、决策、行动，从而使得它们的能力极大增强。需要人类决策会拖慢它们的节奏，因此这一要求被逐渐放弃。人类主管不再负责扣动扳机，他们只剩下阻止扣动扳机的否决权。

"当时我已经连续执勤 26 个小时，大部分时间都在服用认知增强剂。我没有时间看文化简报，或者是交接建议。但我应该看的，我知道法院说这不是我的错，但这又是谁的错呢？"

在判定周围的平民可能受到威胁之后，埃格纳的无人机部队通过声波拦截锁定了 322 个目标。5 秒钟后，攻击指令自动确认，无人机开火，造成 45 人死亡，201 人受伤。11 秒后，高空监控摄像头终于确定，大部分目标是被附近的毒气爆炸惊动走出家门的平民。40 秒后，数据汇报到上级，埃格纳立刻被解职。这是 10 年来最大规模的一次平民屠杀，直接导致欧盟暂停了在这一区域的活动。

埃格纳的辩护理由是，她被置于一个无法审时度势的高压环境中。在需要瞬间决断的情况下，她的无人机比她拥有更多主导权。她接受过训练，要远离武器；她只是主管，不是控制者。最终她的辩护成立，整支无人机部队被裁撤，回厂重新编程或销毁。

她离开了军队，回到自己位于卑尔根的家中。尽管从未真正踏上战场，但她开始患上了创伤后应激障碍，情绪波动频繁，饱受抑郁症困扰。超感官整合的负面影响在于，一旦这些额外的感官被移除，一种幽灵般的痛苦便会时刻笼罩。

历史上，治疗军事创伤后应激障碍的一种方法是通过攀登冰岩、野外旅行等活动，将激烈的身体挑战与压力减轻相结合。而到现代，人力驱动的飞行、豆茎攀爬以及对其他时代战士的模拟活动被证明为更加有效。

但这些都不适合埃格纳。她近乎着迷地通过 DNA 和公共记录查找因她而死的人的资料，无法停止思考他们是谁，他们原本过着怎样的生活，他们可能实现怎样的人生。她不断进行重新模拟，思考如何才能避免类似的惨剧再次发生。

当抑郁症越发恶化时，她的治疗小组提出了一个方案，即让埃格纳利用她的无人机监管技能，开一家小餐馆。这将是一个挑战，但同时也是一份单调而愉快的工作。在安全的环境里，埃格纳的额外感官也能够在一定程度上得到恢复。起初埃格纳很茫然，她会做菜，但从没想过要以此为业，但在别无他法的情况下，她勉强接受了。

　　3 年过去了，埃格纳在新环境中得到了很好的恢复。这些天，她对自己的助手们盯得很紧，也许是出于谨慎，也许是因为创造性控制渴望的生发。阿布哈兹事件的特殊性，让她很难找到可以理解自己经历的同伴。目前尚不清楚，埃格纳是否真的能从这一事件本身以及她在其中扮演的矛盾角色中走出来。这也许要花上一辈子时间。

标枪
JAVELIN

地球 | 2040 年

　　这是一个细长、锋利、致命的物件，长 2.06 米，重 806 克，由金属和其他复合材料制成。它最初是作为一种远程武器被设计出来的，即便是 40 万年前的人类也认得它。显然，这是一支标枪。

　　在 2040 年的平壤奥运会上，匈牙利选手乔鲍·内梅特（Csaba Németh）用这支标枪，打破了 103.82 米的世界纪录。这是一个非凡的成就，更重要的是，它超过了残奥会 T62-LE（有限增强）级的纪录。"标准一，增强零。正如你们所见，内梅特连残奥选手都打败了！"一位体育解说员惊叹道。一时间，人们的视线又回到了标准人类身上。

　　不过随着赛程的深入，这届奥运会依旧波澜不惊，人们重新把注意力放在备受瞩目的残奥会，以及它所承诺的各种神奇之上。"让我们面对现实吧，"还是之前那位解说员，一周后她便改变了主意，"标准人类不可能击败增强级选手。从生物力学角度来看，我们只是没有考察比赛的整体水准。乔鲍·内梅特是个例外，这才是重点：他是超常的存在。"

　　作为昔日最受关注的体育盛会，奥运会是如何沦为经过技术提升的残奥会的陪衬呢？这一转变始于 2024 年，当时国际残奥会委员会（International Paralympic Committee，IPC）举行了一场由埃柯达

212　　　　　　　　　　　　　　　给 91 件未来事物写历史

公司（EKDA GmbH）和神经动力（NeuroDynamics）联合赞助的技术演示。50 名前残奥运动员参加了 6 场田径及游泳比赛。在百米赛跑中，身穿动力外骨骼的运动员与身穿碳纤维叶片和加速神经通路的运动员展开了激烈的角逐。

这次演示取得了巨大的成功，人类从未见过这样的技术与人类意志力直接结合，除了在战场上。赞助商们也对收视数据感到高兴。他们的兴趣当然在于向重要的"X 世代"和"千禧一代"市场推销他们昂贵的医疗服务和生活方式辅助设备。随着年龄的增长，这一代人也开始担心日后自己的行动能力和生活独立性。

2028 年，展示活动在 7 家赞助商、10 倍广告费、200 名前残奥运动员以及 3 倍观众的情况下再度上演。意识到它的受欢迎程度可能盖过残奥会本身，或者是为了回应赞助商可能自行创建他们自己的残疾辅助技术运动会的模糊说辞，国际残奥会委员会主席乔尼·麦金托什（Jonnie McIntosh）通过了一项决议，在 2032 年洛杉矶奥运会上增加一个"技术增强"参赛级别。

这一活动的未来得到了保障，"强运会"（人们普遍的说法）的影响力迅速扩大。在金钱和名望的诱惑下，残奥会运动员纷纷转投这个级别的比赛。就像空中赛车、E 级方程式大赛等不断通过技术进步令公众趋之若鹜的全新体育赛事一样，强运会不断兜售奇迹，每四年都会有几十项世界纪录被打破。

与此同时，奥运会却止步不前。国际奥委会（International Olympic Committee，IOC）长期以来对兴奋剂零容忍，他们也以相同的眼光看待假肢和基因增强技术：这是一种违反体育精神的、危险的腐败行为，是对公平竞赛环境的破坏。尽管很多人尊重国际奥委会的立场，但事实上，人体的基本机能已经被开发到接近极限的程度，正常人已经很难再追求更高、更快、更强。而且，尽管保持了理想的纯洁，但这种限制阻碍了奥运会的人气和资金。各国体育协会纷纷把训练预算从奥运会备战向强运会转移，而这往往也是政治压力的结果。毕竟，还有什么能比体育竞赛更直接地展现国家科技实力呢？

一些标准运动员开始尝试组织他们自己的突破运动会，以这种方式抗议国际奥委会的迂腐，但这些运动会没有一个能持续10年以上。与此同时，奥运会上丑闻频出，很多运动员尝试利用增强级运动员使用的设备甚至是假肢来提高成绩。作为回应，国际奥委会出台了一个彻底——几乎可以称得上残酷——的准入制度，严禁参赛运动员使用任何增强手段，包括在训练期间。

随着时间的推移，这项禁令产生了意想不到的后果：标准运动员由此成了社会的异类，难以融入其中。到21世纪四五十年代，人们对模仿脚本、镜头、增强设备、神经系带等设备的接受度越发提高，使用它们便意味着作弊的想法越发显得荒唐。标准非增强型人类正在成为少数群体。残奥选手反倒更能代表真实世界，在这个世界上，每个人都在以各种方式成为不同程度的增强人类。

但强运会绝非完美无瑕。2032年，有4名篮球运动员因速度过快而严重受伤。在2036年的德班强运会上，8名参加新设立的高度增强级别比赛的田径选手，使用了尚处在实验阶段的梁式神经系带，却由于逆转录病毒增强器出现问题，造成无法弥补的大脑损伤。新的安全规则自此被引入，有关增强运动的意义和限制的议题再次被推到风口浪尖。

这一切都让内梅特在2040年创造的世界纪录更加意义非凡，人们又开始讨论标准运动员参加的奥运会所代表的"人类精神的胜利"。然而，我们不难从这些言论里察觉到做作的腔调。果然，到 2044 年，有限增强级运动员再度展现了他们的统治力，德国运动员安德烈亚斯·费尔克（Andreas Felke）依靠"神经动力"研发的平衡／协调小脑强化包，将内梅特的纪录提高了两米多。

那么，究竟是谁创造了世界纪录？是运动员费尔克，还是"神经动力"提供的资金和技术？我们当然不该把费尔克的努力全盘抹去，但实际上，如果没有最先进的技术和赞助商的资金支持，他是不可能战胜对手的。

这跟原本的奥运会相去甚远。不过话又说回来，增强人类跟原本的人类同样也已经不可同日而语。

寻找袋狼

THE HUNT FOR THE THYLACINE

澳大利亚 ｜ 塔斯马尼亚 ｜ 2042 年

猎人们正在寻找一个不同寻常的猎物。他们掌握的线索是一组模糊的像素、一批可疑的 DNA 序列，以及处在统计显著性边缘的多维数据集群。他们审视无人机回传的运动影像，在沿海沼泽和林地的三维地图上留下种种标记。他们追踪的是一种想法，一种无法处理也无法研究的东西，一种无法证明的存在。一个幽灵。

在一张广为流传的图片中，你可以看到这种猎物下背部独特的条纹和它鞭子一样的长尾巴。气象站加速度计数据描绘了它的运动节奏，应该属于一种易受惊的有袋动物。毫无疑问，所有这些特征都指向了袋狼。只能是袋狼。

问题是，这是哪一种袋狼？

大约 20 年前，由娜塔莎·弗莱领导的"500 计划"将袋狼重新引入塔斯马尼亚岛，它成为复活灭绝动物运动的示范，受到当地人欢迎，并在健康的生态系统中茁壮繁衍。更多项目接踵而至：长毛象、原牛、北美旅鸽、渡渡鸟，回溯的时间越发久远。

袋狼是第一个被重新安置到自然环境中的动物，因为它是最晚灭绝的动物之一。1936 年，人类已知的最后一只袋狼"本杰明"，在霍巴特动物园的囚笼中死去。动物园以为在短时间内便可找到替代样本，但三番五次的寻找都没有结果。到 1980 年代，袋狼被正式宣布灭绝。

但灭绝是一种观念，而非二元状态。我们当然有信心认为，恐龙的灭绝指的是它们已经彻底在这个世界上消失了，因为6500万年的时间足够长。但从进化角度来看，一个世纪不过是弹指一挥间。也许是受到20世纪落后的技术水平的限制，当时的搜索并不彻底。所以我们也许可以改口说，在2020年代重新引入之前，袋狼已经功能性灭绝——尽管这一种群已经减少到不会对生态系统功能产生影响的程度，但仍不排除——尽管不大可能——仍有少数袋狼在人们的视线之外存活了下来。

布拉德·贾维斯认为他看到了袋狼，老的那一种。

"我能看得出来！"贾维斯声称，"新的袋狼的行为方式跟19世纪和20世纪留下来的记录完全不同。如果还有老袋狼存在，我百分之百能认出来，百分之百。"

贾维斯身材修长而精壮，后一点显然是无数个周末在荒野中徒步旅行的结果。他是"寻找土生袋狼"小组的领导者，这个小组认为，在被复活之前袋狼其实始终存在，并认为500计划的重新引入是一个可怕的错误。由此产生的无论是竞争还是杂交问题，都可能导致土生袋狼彻底灭绝。分辨新老袋狼应该不难，因为500计划已经为重新安置的所有袋狼保存了DNA资料。任何土生袋狼都具有完全不同的DNA，杂交的后代也是如此。问题在于，一旦发生杂交，后果将不可挽回，除非进行更多引入。

贾维斯的小组和其他类似小组多年来一直在利用卫星和无人机监视塔斯马尼亚岛。他们尤其关注新袋狼的活动，寄希望于通过它们发现老袋狼的踪迹。这种关注通常是通过远程技术实现的。尽管一些群体在袋狼身上安置了小型摄像头和传感器，以便工作更加容易，但此举被 500 计划及塔斯马尼亚当地政府视为不必要的干预。不出所料，娜塔莎·弗莱对此不愿多谈。

"没错，如果我们非要纠缠到认识论的层面，我不能向你保证塔斯马尼亚岛上一只土生袋狼都不剩。但我可以提醒你什么叫功能性灭绝。"在一次于上佛罗伦萨举行的会议上，我曾向她提问，当时会议的主题是在新捕获的小行星挑选环境适合的，将其改造成阿森松生物聚落。

"意思是这一物种不能再保持足够的数量，"她继续说，"意味着个体无法繁殖，或是由于近亲繁殖的退化和基因漂变[1]导致适应性丧失，这就是定义。2020 年代的时候，袋狼这个物种显然已经不再以种群的形式存在，所以即便当我们重新引入袋狼时，当地还剩下几只，它们也不可能长久地存在。就算果真如此，从基因的角度来说，我们的重新引入也是保障了它们的存续，即便发生杂交也是让它们能够充分繁衍。而且我真心希望如此！"

"她当然会这么说，"第二天，贾维斯对我说，"她犯了一个错误，但她不肯承认。这也是我们要尽快找到老袋狼的原因。"贾维斯和他的妻子是通过他的小组认识的，两人即将在北海岸进行一次徒步旅行，为期一周，他们都对此满怀期待。

20 世纪时，对袋狼的搜寻工作效率很低，完全依靠人力。所以，今天的搜寻依旧要依靠很容易被疲劳限制的人力和思维，这很不寻常。如果利用无人机、卫星和野外 DNA 测序仪进行，效率不是更高吗？

---

1. 基因漂变（genetic drift），也称遗传漂变，是指种群中基因库在代际发生随机改变的一种现象。一般情况下，族群生物个体数量越少，族群中的基因越容易发生基因漂变。——译者注

当然，如果它们靠得住的话。但如果你疑心自己的工具被深度伪造，数据被意外或故意篡改，DNA测序仪遭到黑客入侵，那么这些工具就不太行得通了。在土生袋狼寻找小组活动初期，他们的传感器每天都会收到几十只老袋狼被发现的信号，然而每当开始追踪时，这些信号都会如数字烟雾般蒸发。所以他们能依赖的，仍然是自己的双眼以及手中的工具。

　　小组中还有一种声音，认为永远也无法真正分辨"新老"袋狼。有人声称500计划的服务器遭到入侵，DNA资料都被篡改了。有人怀疑袋狼根本没有被重新引入，它们都是被放出来的自然品种。CRISPR技术[1]肯定以某种方式参与其中。为了什么呢？这些阴谋论者还认为，这是一条通往蓄意灭绝，然后再引入被改造的濒危物种的道路，是对日益高涨的"半空世界"运动所带来的共识的抵制力量。

　　我无意挑战这些猎人。没有人能说服一个不认为自己走在歧途上的人走出歧途。至于老袋狼，我们永远都不知道它是否依然存在，但我们还在不断寻找。

1.CRISPR（Clustered Regularly Interspaced Short Palindromic Repeats）技术，原本是原核生物基因组内的一段重复序列，细菌利用这个系统将病菌切除，实现免疫。目前人类正在利用这一手段进行基因编辑。

为无名之物命名
GIVING NOTHING A NAME

宇宙 | 2043 年

以下是一位艺术家的追随者搜集的资料，这位艺术家开展了一个命名项目，随后受到大众关注：

亚当斯河的深绿色第三支流汇流处，位于西奥多勇敢声明柳以南几步远

西斯托克威尔上游看不见的田地里的长期建议落水洞（在一处没人光顾、蔫不拉几的绿色灌木丛的一个小山坳里，不太好找）

42 棵树旁的 A34 公路上前汉堡王旁边由人类早期的手动开车行为造成的轻磨损坏之地

地球上有 149 万亿平方米土地，所有土地都曾多次作为独特的对象被捕捉、渲染、分析，被我们用字符和一串数字指代。

大树脚下的每一寸泥土、曾见证恋人初次邂逅的每一处门阶、每一块无人触碰的漂砾[1]和岩石——我们应当为无名之物命名，为世间万物命名。

---

1. 漂砾（boulder），被冰川带到别处的大小不一的石块的统称，常被用作识别冰川活动的标志。——译者注

220   给 91 件未来事物写历史

1. 空间与高空来源

对地静止卫星测量、近地轨道越界飞行、高空侦察无人机、系留浮空器、快递直升机、警用干预无人机、跳伞医疗队、登山者。

2. 人类来源

眼镜、首饰、服装阵列相机、声呐和激光雷达行走辅助设备、定位分析、步态分析、生物识别和神经记录分析、专用相机。

命名空间协议／简介

在本地命名空间中，名称分为自动及手动两种，由人类或非人类代理指定。有时，这些名称会精确地指代一个物理区域，但更多时候会发生重叠。我们还可以通过它们所指代的事件和交叉来加以区分。非人类代理也可能产生人类可识别的名称，用于"一次性"使用，比如在公共广场或公园里进行的会面。如果这些名字被证明非常贴切，或是被其他代理喜欢，它们就会被重复使用。

17 岁夏天触觉断裂的那段风琴音乐人行道（又名"17 岁夏天"），那个地方的人行道在 2022 年的夏天修得不怎么样
玛琳湖观测点的肖恩·托马斯小屋的门口阴凉处旁边

……而这无休止的、徒劳的、毫无意义的追求——为陆地上、海洋中每一个原子命名。为什么不给空中、轨道上、月球上、小行星上、火星以及所有地方的一切命名？为什么？

尼尔斯·德拉哈耶第二次也是倒数第二次飞去见他妻子时，他

那深邃的目光曾在上面停留了一秒钟的那块漂砾

原本打算用来支撑奥斯汀一个小型政府办公大楼，后来因为发现上面有道裂缝现在被遗弃在沙漠里的柱子

废弃灯塔和危险且极不稳定破破烂烂的台阶，经常把它的所有者马蒂·豪伊绊倒引来咒骂

巴尔托什和达奈第三次约会结束后前往火车站的路上意外摔倒并导致接吻时手碰到的那块铺路砖

为什么不呢?

再特许城市
RECHARTERED CITIES

日本 | 函馆 | 2043 年

急速衰败导致日本遭受重创。在世纪之交经历了一段多多少少还算体面的停滞期后，一系列猛烈打击让这个国家摇摇欲坠：不断增加的债务引发日元大规模挤兑，再加上 2034 年、2038 年关东和关西地区两次毁灭性地震，以及老龄化和人口萎缩带来的不可避免的后果。在这半个世纪里，这个昔日的世界第二大经济体已经彻底沦落了。

执政的联合政府运作不良，难以遏制颓势。到 2043 年，对国家政府彻底失望的日本民众以压倒性的绝对多数票，选择新成立的 NSDP–PDP 联盟上台。这个联盟的任务只有一个：修改地方自治法，将权力下放到县市一级。

尽管在税收和支付方面获得了更广泛的权力，但很多都道府县都只愿意做表面文章。他们不愿为经济、人口和环境等方面的问题承担责任，因为他们清楚这些问题远非他们所能解决。于是他们大打安全牌，继续向占据人口总数一半的 50 岁以上市民发放福利。但不管是出于绝望还是受到鼓舞，一些经济受到重创的城市决意进行更坚决的改变，让自己成为"再特许城市"。

和该国大部分地区一样，前两个再特许城市——位于北海道南端的函馆和位于兵库县东南的尼崎——都拥有相当多昂贵、维护良好、建设过度的基础设施。和世界其他地方相比，这里法律体系运行稳定、犯罪率低，同时人口缺乏到惊人的程度。这一系列组合让它们成为进行中期移民改造的成熟选择。北海道大学的高见教授（Dr. Takami）解释道：

再特许城市的概念可以追溯到 2020 年代颇具争议的特许城市实验。按照它的支持者的说法，发展中国家将建立改革特区，并在其中建立全新的特许城市，这些城市将在国外人士及公司的帮助下进行管理。东道国将从大量涌入的资本和良好的治理中获益，而国外企业则可以获得廉价的劳动力、有利的法律政策以及扩大的贸易份额。

当时，在每一个潜在的东道国，特许城市都遭到激烈反对，因为它被看成对主权的侵犯，甚至是更糟糕的新殖民主义的象征。直到 2030 年代，马达加斯加和海地才建立起两座特许城市，但当地发生的各种纷争让其他有意建立特许城市的国家都打起了退堂鼓。

不过，再特许城市在程度上要温和不少：根据 2044 年公投确定的函馆模式，市政府邀请值得信赖的外国合作机构、代表团和非营利组织在该市长期运营。作为交换，这些组织将在使用领空、土地、频谱和无人机方面获得更多简化的政策和宽松的法规。它们被期望能够为城市的利益进行一些有价值的项目。这些项目通常都很有活力——再野化、环境整治、碳捕集、交通升级、大型艺术装置、实验技术和算法的试验床等。

在大多数情况下，我认为再特许城市是有效的改革手段，但反对声音并不鲜见。尼崎市以 64 票对 36 票通过了公投。尽管比例尚可接受，但反对者也超过了三分之一。成为再特许城市，仿佛你的城市将进行一个连续 20 年不间断的节日，随之而来的是兴奋的氛围、建设工程、源源不断的游客和访客，以及种种干扰、混乱和噪声。我很喜欢参观这两个城市的再特许状态，但我必须承认，我不确定我是否能接受我生活的城市札幌也变成同样的光景。

最初几年，抗议和暴力事件频发。即便 2049 年超级大地震后大量海外资本施以援手，即便即时翻译软件"巨龙"和"巴比伦"得到广泛使用，文化上的鸿沟依然难以抹平。想要打破持续千年的习惯并不容易。

但也并不是所有人都对"新参者"心存芥蒂。居住在函馆的心理医生今井纪子便是个例外。在函馆决定成为再特许城市时，她已经 52 岁了：

你知道吗，我本来不确定该投什么票。我本想投反对票，但就在投票前一天，我跟外子在五棱郭附近散步，我发现这里缺少一样东西：年轻人，还有孩子！所以我第二天下定决心，投了赞成票。这是个正确的选择。函馆是一座美丽的城市，但它老了。年轻人需要新事物，否则他们就会离开。新来的人和各种团体来到我们的家园，他们用各种方式增添它的魅力，让它重新焕发生机。所以我很高兴他们中的很多人最后留了下来。

由函馆和尼崎兴起的浪潮很快蔓延到其他出现人口不足问题的

富裕国家——意大利、德国、希腊，甚至俄罗斯和中国的部分地区。
再特许城市也在两次新兴文化运动中产生了影响。它们是抵御人们
将自己的生活彻底虚拟化的堡垒，也成为一种典型案例：在这里，不
同年龄、出身、背景的人可以一起生活，在全新的环境中找到共同的
事业。

给 91 件未来事物写历史

退休的无人机

THE OLD DRONES

格鲁吉亚 ｜ 科多里村 ｜ 2044 年

摘录自穆森·拉希米（Mohsen Rahimi）的回忆录，他后来以火星探险家和诗人的身份为世人熟知。

我的祖母给我立下了两条规矩。第一条，不要和陌生人说话。你可能会觉得眼镜能够改变她的想法，但我想 1970 年代出生的人总是对隐私问题有所顾虑。我其实很喜欢和陌生人说话，但如果有她在场，我会尽量不说。

第二条，永远要对无人机以礼相待。我始终无法让我的父母告诉我究竟为什么要这样做。难道她有一个我不知道的机器人载体？她能和她的服务型无人机交换笑话，一起打牌吗？谁也不知道。但这年头，不支使无人机干活就没法过日子。不然在你上班的时候，谁去给你取外卖，或者是带孩子看医生？而当每次这样做之后，你还得跟它们说声谢谢？时间太宝贵了。可是每当被她发现我没有对无人机"以礼相待"时，她都会抿起嘴巴，以示不满。

她去世后几年，我决定去西亚的格鲁吉亚旅游。我告诉我的朋友们，我处在"空当期"，想去其他地方散散心，但我想每个人都清楚，我的朋友们已经厌倦了支持我在"编织社"的各种古怪项目，希望我真的能做点正经事，或者至少不要再烦他们。

为什么是格鲁吉亚？我也不知道。可能是小时候我曾经在游戏里开车路过，或是轰炸过那里。我只记得那是个风景秀丽的地方。到我走下飞艇时，我知道我的记忆是对的。

三星期后，我躺在一口深井的底部，抬头望着框在一个小小的亮圈里的美丽风景，认真地想，这将是我一生中最后的景象。

事情的经过是这样的：我的飞艇降落在阿巴沙郊外的田野里，我对这个地方一无所知，于是只能四处打听，看有没有人愿意听我讲故事、给音乐作曲、提供服务，诸如此类，让我换取食宿。人们笑着摇头，他们让我去河对岸的科多里村碰碰运气。于是第二天早晨，我搭一辆破旧的吉利车去了那里，并且跟我之前通过镜头找到的一个友好的人见了面。我给我们两个人买了酒，确定彼此都不是杀人犯，然后她安排我在她那里过夜，并答应会给我安排工作。

到早上，她带我离开村子，一路向南，来到一片杂草丛生的田野。那里除了一口古老的石井什么都没有。我们站在离井 50 米远的地方，足足观望了一分钟。我的镜头并没有显示出任何有效信息，但我想，这口老井也许有超地方的文化或是宗教意义什么的。她也许想让我为它写一首诗。

我想找一个委婉的方式，询问她我们要在这里做什么，却突然被拽倒在草地上。几秒钟后，一群你见过的最脏的、最古老的，也是最可怕的无人机在我们头顶掠过，随即坠入井中，发出可怕的、令人起鸡皮疙瘩的短促声响。

你有没有想过无人机退休后的归宿是什么？它们不会上天堂，也不会被送去马戏团里表演，消磨余生。到了某个仍有尊严，但它们的诊断书上出现过多的红色标记，表示"正常"的黑色越来越少时，它们就要飞到距离最近的回收中心。少数无人机会在更换零件后得到返聘，但通常，由其他无人机对它们进行拆解会更加便宜。像纽约、上海或拉各斯这样的大城市，由于无人机数量较多，一般需要 4 个、5 个甚至 6 个回收中心。但如果在小地方，你可能要走上 160 多千米才能看见一个回收中心。

严格来说，如果无人机无法自行飞到回收中心，需要由其所有者将它运送过去。但没人愿意处理这样的麻烦。你当然也不能把它扔掉。但想象一下，如果一架老旧的无人机的 GPS 和磁强计[1] 出了问题，"不知怎的"飞进了郊外的一口老井里，你会感到惊讶吗？

没错，这里就是"无人机之冢"，帮助人类眼不见心不烦地解决问题。

过去 10 年，阿巴沙当地人一直默许这一切的发生，直到一位名叫尼诺的村民发现了商机。她把这些废弃无人机的旧电池打捞上来，作为古怪的艺术品卖给亚洲富人。通常情况下，尼诺会派她的智能无人机下井作业，但在我到达前一周，它的旋翼被飞溅的弹片卡住了，结果自己也被埋在了无人机坟堆里。于是我被带到了这里，替无人机完成工作。

我顺着绳梯下井，开始工作。一开始很难，因为大多数无人机的设计都没有用户可拆卸的部分。这个工作倒也没什么危险，我得感激欧盟对无人机设计近乎偏执的健康及安全法规，但也很无趣。当天晚上，我让尼诺给我 3D 打印了一些我在网上找到的新工具，之后的工作就容易了许多。

接下来的几个星期，我过上了令人满意的规律生活，早上 10 点到井边，努力工作 2 小时，上来吃午饭，2 点再下井工作 2 小时，4

---

1. 磁强计（magnetometer），用来测量磁感应强度的仪器。——译者注

点上来喝茶休息，然后再下去干1小时，5点半收工。我把自己想象成祖父曾跟我讲过的煤矿工人，在黑暗中辛勤劳作，只有音乐和播客相伴。后来的一个周末，我在酒吧里跟人们讲述这个背井离乡艰苦工作的故事，人们让我去维基百科查一下煤矿，然后我就闭嘴了。

每天都有无人机投井赴死，所以不愁没活干。3个星期后，我几乎把所有零件都清理了出来，并且把我找到的旧硬币和各种小玩意儿以3D结构的形式发给了我的朋友们。

在最后一天，我从井里爬出来，准备喝最后一次下午茶。我高兴地发现，尼诺的女儿给我留了几瓶啤酒。到这里之后，我跟她相处得很不错，虽然我很遗憾地告诉她等工作结束我就会离开，但她还是欣然接受了（后来我才发现，她在孟买老家有一个男朋友，而且位高权重，所以是我闹了笑话）。

我知道今天的孩子们都喜欢通过神经系带获得刺激，但对我来说，没有什么比辛苦工作一天之后喝上一杯冰啤酒更能让人神清气爽了。时尚的玩意儿都是扯淡。实际上我有点放松过了头，完全忽略了4点15分的闹钟。刚好，有一群无人机从我身边呼啸而过，钻入井中。

我像个傻子似的慌了神，以为自己身处"天网"系列游戏里，这些无人机是来摧毁人类的。我疯狂地手舞足蹈——你没猜错——结果翻过了井沿，一口气向下坠落了30米。还算走运的是，在坠落过程中，我的身体避开了井壁和壁架。

当我醒来时，天还没完全黑，但我什么都做不了。我很确定我至少摔断了一条腿。更糟糕的是，我连不上任何信号。掉下来时，我的外套被撕破，天线也被折断了。通常情况下这不会构成问题，因为周围会有很多定位器。然而现在我身处的是科多里村，宁静、

　　　　　　　　給91件未来事物写历史

安详、与世隔绝。

　　我必须承认，当时的我低落极了。死在井底，身边只有十几架退休的无人机做伴，我真的命该如此吗？我可能已经哭了起来，但后来我想到，尼诺和她的女儿迟早会发现问题，而我最坏的结果可能只是错过晚餐。但要命的是，我不愿意麻烦别人，不想让自己难堪，最重要的是，我真的很饿。

　　对于目前的困境，我的第一反应是通过镜头发消息求助。当然，这是不可能的，因为就像我前面说的，我的外套撕破了，没有信号。我的第二方案是上网搜一下该怎么办，这显然也行不通，理由同上。看来父母他们总说我们对眼镜和镜头的依赖有些过了头，是没错的，对吧？

　　我回想了一下我的家人，想编一个故事，找一个至少比喝醉了掉到井里好一点的说法。这时我想到了祖母的箴言。不是"不要跟陌生人说话"，而是"要对无人机以礼相待"！只用了几秒钟，我便想起那个危急关头的紧急指令——你知道，就是小时候家里人教你在生死关头可以召唤一切无人机、绝不可随意使用的指令。

　　我不确定它在这种情况下是否管用。井底这些无人机都是最老的型号，破烂不堪，有的都已经用了三四年了。老实说，我担心它们还剩多少能量。但可以肯定的是，发出指令后，我看到它们的转子真的在打转。我从没听过比它们可怕的短促咔嗒声更美妙的声音。

　　我把自己设定为遇险者，它们便像一群天使——一群废弃的、过时的天使——用它们的机械臂、网兜和操纵器把我救出井口，轻轻放在草地上。到了这里，我便有足够的信号打电话了。没过多久，尼诺便赶了过来。她的女儿也来了，显然对我非常挂念，哭得像个泪人。

几周后，我的腿痊愈，我整个人也从庆祝死里逃生的严重宿醉中恢复了过来，于是决定继续上路，并带上我的两个救命恩人作为纪念，后来我把其中一架无人机放在祖母坟前，向她表达谢意；另一个则高踞于我们在孟买的公寓的壁炉架上。我的妻子不喜欢它，说这个东西跟家里的风格完全不搭。我想这只是因为它很容易让她想起自己长大的地方。

科林伍德流星

THE COLLINGWOOD METEOR

加拿大 ｜ 蓝山 ｜ 2045 年

　　蓝山滑雪度假村位于多伦多东北方向约 120 公里处，比邻科林伍德镇。2045 年 12 月 12 日，一颗火流星进入度假村上空，在穿越大气层的过程中发生爆炸，造成严重的低空气爆。

　　全省各地的紧急救援人员在 20 秒内赶到现场，但由于爆炸本身及由此引发的雪崩规模巨大，幸存者寥寥无几。到这一天结束时，有超过 300 名当地人及游客遇难。这次火流星爆炸成为加拿大有史以来最可怕的自然灾害之一。

　　悲剧发生后不久，人们便开始质问这颗流星为什么没有被施韦卡特、阿特拉斯或近地天体相机的行星预警阵列发现。部分原因是这颗流星直径不到 25 米，而且来自黄道平面以外。阵列没有足够的时间对此类小行星的运行轨迹进行预测。于是人们一致认为这是一场天灾，并非人祸。

　　如果不是一个月后在蓝山以北的佐治亚湾发现了这架军用无人机，这个故事将就此结束。这架无人机在进行例行的低空激光供能巡航时，因空爆产生的冲击落水。作为一架被强化的战斗设备，无人机的记忆内存依旧完好无损。鉴证小组连夜工作，检索出几组珍贵的空爆镜头，希望借此了解关于这一事件更多的物理原理。

　　结果令人不安。科林伍德流星看上去完全不像是一颗典型的流星，相反，它似乎是一个伪装的动能武器[1]。

第二次外太空条约明确禁止在地球轨道上放置任何类型的致命武器。相关条款还特意强调了动能武器——惰性钨弹，可以在不借助任何炸药助推的情况下，重新引导进入大气层，粉碎目标。然后，随着轨道交通的发展，人们也清楚这一要求只是一纸空谈。在一块石头或是金属块末端贴上飞翼和计算芯片，然后从众所周知的气闸中投向地球上的目标，实在太过容易。

中国、美国、日本和印度都被怀疑在轨道上储备了动能武器。然而，如果以地外空间为策源地发动战争，它们的损失无疑也最大。更重要的是，它们并没有攻击加拿大的动机，况且它们始终都在相互监视。恐怖袭击的可能性最大，但始终也没有恐怖组织站出来承担责任或提出要求。

科林伍德流星的运行轨迹表明它来自一个空轨道，这并不奇怪，但通过对过去 20 年所有发射报告的艰难分析，人们找到了一个低轨道上的无人暗空间站。这个空间站显然是多年前由法属圭亚那库鲁采矿发射站释放的机器人包裹组装而成的。尽管采矿发射站是合法的，但这个机器人包裹并未进行申报。不巧的是，当加拿大安全情报局的调查人员抵达这个空间站时，他们发现所有的数据都被抹除，所有有意义的模块也都被清理了。

面对这个死胡同，加拿大安全情报局转而从金融调查入手，想搞清楚是谁在为这个机器人空间站的运行支付费用。他们带着国际通缉令，在各个大国的支持下，经过一系列令人眼花缭乱的银行账户、

---

1. 动能武器（kinetic weapon），指能发射出超高速运动的弹头（弹丸）。不同于常规弹头或核弹头靠爆炸能量去破坏目标，动能武器靠自身巨大的动能与目标直接碰撞而摧毁目标。——译者注

信托基金和空壳公司，从开曼群岛、香港，到伦敦、泽西岛，最终追查到了毛里求斯。每一笔款项都指向毛里求斯总统拉希德·托拉布利（Rashid Torabully）的姐夫的账户。

托拉布利于8年前上台，当时的选举颇有争议，此人花费了前所未有的资金，对竞选对手大肆抹黑。有人怀疑他暗中向致力于开发新发现的稀有元素的英国公司输送资金，但当时并没有证据。美国战略与国际问题研究中心采取了一个大胆的行动，在与盟友协商后，对托拉布利的支持者同时发动物理及数字攻击，打算强行从这些人的系统中获得情报。几分钟后，他们便找到确凿证据：来自托拉布利及其合作者数TB的信息、对话及各种计划记录，都与科林伍德流星有关。随后他们有一个惊人的发现——这次攻击的目标仅仅是一个人，即英国高等法院法官迈克尔·夏克逊（Michael Shaxson）。

前一年，夏克逊参与了一起针对联合石油公司的案件，该公司被指控逃税、行贿、发动黑客攻击，以及使用其他稀松平常的肮脏伎俩。人们普遍认为，夏克逊将裁定联合石油公司败诉，他还将建议对税收制度进行深层次改革，包括取消再开发票、转让定价，以及全面取消银行保密制度。民意调查显示，夏克逊的建议将得到英国公民青睐。

很多公司及避税天堂都对此忧心忡忡，其中就包括了这位毛里求斯总统。一旦建议通过，他个人的经济损失就将达到数十亿美元。终止这一进程的方法之一便是杀死夏克逊。尽管在这位法官最喜欢的度假胜地使用空爆流星作为凶器有些匪夷所思，而且代价高昂，但先前的死亡威胁导致夏克逊获得了无人机PPOI指令（永久保护性监视及干预）的庇护。如果杀死300人便可以让生意照常进行，顺便还能威胁其他多管闲事之人——这点代价也不算什么。

托拉布利并不是这一事件的主谋。只是他在数据安全方面考虑不周，才导致美国战略与国际问题研究中心查到了他的头上。不幸的是，他的盟友不像他这么愚蠢，直到很久之后才彻底暴露。

然而，由于这起袭击事件的规模太大，再加上托拉布利及其盟友对获益过程的详细讨论被全盘披露，导致大众对避税天堂的反对甚嚣尘上，"夏克逊法"被强制执行，其中包含了所有他原本打算建议的条例，同时还增加了更多限制。这标志着世界从经济操纵者手中夺回利益的"大垦荒时代"的到来。

差评

THE DOWNVOTED

英国 | 伦敦 | 2045 年

以下内容摘录自《差评》，作者理查德·卡梅隆（Richard Cameron）：

电影是埃里克的一生至爱。他会滔滔不绝地对"007"系列、"谍影重重"系列以及"尚卡尔"系列论长道短，只要对方有耐心听下去。间谍电影是他的最爱，他会说，我能理解他们的天生孤独和冷酷无情。

那个月的收入到账后，埃里克带我到克拉彭广场旁的一家廉价小酒馆吃午饭。我被他的慷慨吓了一跳，直到我意识到他在利用我做掩护。他又一次让自己被社会"拉黑"——在足够多的信用网络上获得了差评，以至于大部分服务请求都会被忽视或是拒绝。这次请我吃饭，就是因为他自己没法点菜。

实际上，他的仪容仪表很难说完美，但我见过、闻过更差劲的。他的衣服并不是很旧，也不是很脏。尽管他脾气不大好，但我很少见到他主动挑起严重的争吵或是纠纷。所有这些都意味着，我搞不清楚他被路人给差评到被社会"拉黑"的原因。而实际上，是他的整体举止状态，与个性的结合，让人们对他难有好感。

可以预见，埃里克对自己的困境感到沮丧。他变得更加暴躁，

差评

237

更加厌恶社会，而这只会让他招致更多差评。和很多人一样，我对他抱以同情。但我也很小心，因为我害怕如果被人们看到我跟他在一起，会影响到自己的分数。

"他们看不到你，"他常说，"你完全隐身了。在戴上这糟糕的眼镜之前，我不知道是好是坏，因为那时人们只是假装你不存在。而现在，他们真的把你从人们的视线中抹除了。你成了一团模糊的黑影，在人行道上游荡。可你知道吗？他们还是会给黑影打差评！"

"这种情况第一次发生的时候，你会生气，对这个世界生气。是谁任命了法官和陪审团？是谁给了人们权力，让他们在一秒钟内做出判决？但这种事情一再发生，你只会变得越发悲伤、绝望，因为人们再也看不到你了。对间谍来说，这倒是个不错的伪装。但对你我这样的正常人来说，这显然没什么好处。"

埃里克很少谈论他的苦恼。他更喜欢玩一些愚蠢的把戏，比如利用他的差评光环隐身术在人群中间钻来钻去。但今天他特别低落。他刚刚申请在布里克斯顿一家快闪餐厅做临时服务员，但遭到了拒绝。我想是拒绝的滋味让他难过。

一个自由主义者，一旦听到"歧视"，自然会想到性别歧视、种族主义，还有最近的情感主义，人们为这些话题争执不休。他们不会想到被拉黑者的悲惨命运和他们所遭遇的歧视，尽管这同样是违法的。他们会认为这种情况不可能发生，因为人人都有权查看并要求企业删除任何关于我们个人身份的信息。

然而，我们的社会同样把个人利用私人或私人共享数据改变个人现实视域的权利视为神圣而不可侵犯的。这一例外意味着，世界上每个城市都会有成千上万个私人的、半合法的点对点差评分享网络，它们共同构成了一份"拉黑名单"。即使铲除一个网络，几小时内又会出现新的分享站点。

"唯一的好处是，"埃里克苦闷地指出，"没有人会从中获利。大家都是凭着合作精神在做这件事。"

只要离开了公共场合，跟埃里克在一起会让我感觉很自在。一次吸毒过量，加上一次拙劣的基因治疗，让他在医院里躺了一年多。在那之前，埃里克是一位天才律师。尽管后来身体康复，但他却发现自己无法再集中注意力。他的临时工作换了一份又一份，开始慢慢滑进基本最低收入的泥潭，从此一蹶不振。

"情况还可以更糟。比如在旧金山。有一个假期，我去了那里，为了档案上的一个成就，在豪吉灯塔工作，那是他们取消考试之后让我们必须完成的事情。旧金山有我见过最干净的街道，而且一个清扫机器人也不需要。那里的差评系统是政府支持的——《反社会人格公民众包法》。这一法案以绝对多数获得了通过，因为它是一种终极的魔咒——可以永远识别那些令人毛骨悚然的人或罪犯。我很惊讶没有更多骚乱来反对那些傲慢的、大权在握的技术专家。

"但要我说实话，差评票通常都是正确的，而且有时也会带来积极的效果。有时候，没错，人们真的会为此改变自己的行为，从而变得更好。但是，"他重重地叹了口气，"有时候，想改变自己并不容易。这会成为一个死循环。虽然没去任何地方，但感觉就像是遭到了流放。"

除了埃里克，斯特里特姆团结中心还住着几个被拉黑的人。他们中的大多数人都发现，这种隐身术不仅赋予了他们能力，同时也给了他们进行一些小偷小摸的许可。如果社会以最轻蔑却又最个人化的方式判定了你的一无是处，你为什么不陪他们玩到底，证明他们把你拉黑是正确的选择？偶尔这些人还会以此为消遣，看谁能在一天之内获得最多差评。在那种日子里，我都会躲着他们。

我不想戴上面具或是面纱，那样毫无意义。你走路的姿态或气味等特质都会让你暴露。如果人们发现你想伪装成正常人，他们会更加害怕。最后你的差评只会更多。我想我也可以搬走，伦敦的网络应该不会覆盖到苏格兰。但这是一种耻辱。我是在这里长大的。

当我离开斯特里特姆时，埃里克留在那里，摆弄着一个他刚掌握的音频抹除软件。如果世界想要拉黑他，他也会拉黑这个世界，把他的生活变成一场间谍大冒险，配上激动人心的背景音乐。他会在人群中飞奔，把他们推到一边，执行只有他一个人知道的紧急任务，让自己成为世界上最重要的人。

婚姻合同

MARRIAGE CONTRACTS

欧盟 | 2046 年

在欧洲法院通过并生效了一项具有里程碑式意义的裁决，令各类婚姻合同在欧盟范围内获得法律保障之后，唯我爱（Wevow）公司发布了这份资料文件：

你在考虑结婚吗？

恭喜你！婚姻将是你做出的最重要的承诺之一。我们将确保你的婚姻尽可能完美。我们希望你在面对婚姻时能够敞开心扉，同时擦亮眼睛。

有的婚姻确实可以白头到老，但大多数只能以劳燕分飞告终。这不是任何人的错。我们的寿命已经达到了有史以来最高水平，这意味着我们有更多机会去旅行、去改变、去认识更多人。实际上，大多数婚姻都会在 30 年内以离婚告终，并且留下一个不欢而散的结局。

其实不必如此。

婚姻合同真正能够将承诺与现实结合起来。如有必要，人们可以干净利落、和和气气地结束不满意的结合。在唯我爱，我们相信合同不会缩减婚姻的时间或影响结合的激情，反而会让婚姻更加稳固。我们的合同服务在离婚成功率以及婚姻幸福感方面的表现都处在全国领先水平。为客户提供最佳建议是我们实现这一成就的方法。

这份指南是对我们所提供的服务的简要介绍。目前有 4 种得到认证的婚姻合同可供选择：

1. 终身婚姻合同：这一直是人们默认的婚姻形式。不过近年来，有三分之一的婚姻在不到 15 年后便以离婚告终，而且根据报告数据来看，这种类型婚姻的满意度要低于其他类型婚姻。因此，尽管在某些特殊情况下，终身婚姻合同可能适用，但我们一般不建议选择，尤其是在没有临时中断条款的情况下。

2. 30 年婚姻合同，到期可续：这是我们最受欢迎的选择，反映了历史上成功婚姻的平均时限，同时也为经营家庭提供了充足的时间。我们建议在合同中加入附加条款，即婚姻需持续到孩子年满 18 周岁。到 30 年合约期满，我们会要求婚姻双方、婚姻顾问，以及你们所选择的宗教或世俗官员进行一系列会面。会面结束后，如果有一方或双方认为这段婚姻不该继续，合同自动解除；如果双方都认为婚姻应该继续，那么合同也会自动续约。

3. 15 年婚姻合同，到期可续：对于无意抚育后代的年轻伴侣，这是较为理想的选择。先前的研究表明，与大多数其他方案相比，15 年可续婚姻在生活满意度方面表现最好。

4. 5 年婚姻合同，到期可续：对那些非常年轻，或是只认识了很短时间的伴侣来说，这是法律上默认的最低婚姻合同期限，它能够保证人们不做出仓促或草率的决定。除非情况特殊，我们一般不建议其他情形的伴侣选择这种合同。

无论选择哪一种合同，我们都会要求客户拟定一份标准的婚前合同。 我们相信，如果你真的深爱你的伴侣，尽量避免你们的婚姻在最后造成不必要的痛苦一定是最好的爱的表达。 没有人能预测未来，但我们会为你未雨绸缪。

一份好的婚姻合同是爱与智慧的结合。 选择唯我爱，便是智慧的选择。

丽都浴场

THE LIDO

苏格兰 ｜ 波多贝罗 ｜ 2046 年

在这个纪念苏格兰独立公投 25 周年的口述故事项目中，玛格丽特·莱因德披露了有关艾彻斯眺望研究中心（Echus Overlook Institute）创始人艾拉·坎多卡尔博士参与波多贝罗丽都浴场事件的秘闻。

很多人认为这个故事该从 2030 年代讲起，那时他们开始在天上放置镜子。年纪稍大一点的人认为它开始于 2020 年代，那时我们对所有气候难民张开怀抱。我说张开怀抱，并不是所有人都是如此，但我们大多数人是欢迎他们的，至于那些不欢迎的人，都会受到严厉批评。

但这个故事真正的起点是 1979 年。那是旧丽都浴场关门的时候。感谢你们没问我有没有在那里游过泳。或许我已经满头白发了，但还没老到那个程度。我妈妈从她小时候起，每周六都会去那里游泳，当时等待进场的人总能排到西岸街。丽都浴场的建筑极具艺术美感，整个波多贝罗都引以为豪，不仅是因为它比爱丁堡的任何建筑都要壮观。那里的水不会像你想象的那么冷，因为有发电站供电加热。

丽都浴场关门之后，什么都没有留下，除了昔日建筑的依稀痕迹。浴场的温暖又回到了天上，直到 60 多年后才被艾拉找回来。艾拉的家人都在大洪水中去世了，而她当时还很小。2020 年代她来到苏格兰，但两年后资助她的人也死于流感。她经历的悲痛实在太多，超出了常人应该承受的范围。于是我们大家决定一起照顾她。玛丽在她女儿的房间放了一张上下铺，阿伦给她辅导功课，我负责每天放学后在图书馆给她读书。

但作为一个两度成为孤儿的孩子，艾拉成长的速度是其他孩子的两倍。黑头发，绿眼睛，还有着一言不合满脸通红的急脾气。她想证明自己不需要别人照顾，不需要一个家，不需要家人。于是她总在尝试独自走向世界，仿佛乐意接受它对她的试炼。而它也继续这样做了。

记得吧，那个时候我们在荷里路德宫的国王和女王已经无力应付。自从我们脱离英国，南边那些撒克逊人就对我们敌意十足，所以我们急需新朋友。除了加入北欧联盟，成为他们奇思妙想出来的半空世界项目的第一个成员国，我们还有什么更好的选择？于是我们那些政客才有了那个愚蠢的想法，把小城镇合并成大城镇，大城镇合并成城市。果不其然，波多贝罗也上了合并名单。虽然不是排在前头，但也比你们想的要高。

你可能会问，要怎么才能保住它？想要保住波多贝罗，就必须让它脱颖而出，多赚钱，吸引游客。当然，我们的理事会脑子里一团糨糊，只知道 VR 这个、水培[1] 那个。但你们知道谁的计划最天马行空吗？我们的小姑娘艾拉。

---

1. 水培（hydroponics），一种新型的植物无土栽培方式，核心是用营养液替代土壤，为植物提供生长因子。——译者注

那时候艾拉已经快成人了，有一天，在我帮阿伦修理他不听使唤的阅读器的时候，艾拉说："我们该这样，玛吉，我们应该重新开放丽都浴场。"好吧，我不否认，当时我笑了，看着这个可怜的女孩的脸笑了出来。"开放丽都？可是外面太冷了。这样做的话，这个镇子很快就会因为能源耗尽而被清空的。"但是艾拉的眼睛里闪着光。她说她有一颗幸运星，可以指引方向。

　　我不明白她的话是什么意思，但她对开放丽都这个主意很认真。她从荷里路德宫弄到了一笔资金，搞来了帕特里克闲置的建筑无人机，借到了妮古拉的数制工坊，还从玛丽那里找来了无聊的小学生帮忙。没过多久，她的项目就成型了。倒不是那种可以移动的智能建筑，但它真的被重建了出来。在艾拉决定后没过多久，丽都便重生了。有时候我都忘了现在我们造东西的速度有多快了！

　　接近完工的时候，我到附近转了转。艾拉正在看着几架无人机修理一个不太稳定的过滤装置。

　　"反正水冻住了也会变干净，对吧？"我说。

　　"我不指望那个。"她说。

　　"哦，我不是那个意思。"我快速说道。

　　"我也不是，"她说，"浴场不会很冷的。"

　　虽然我可能算不上气候工程师，但我很清楚能源方面的规则。北欧联盟很严格——使用地热，取暖免费，但如果没有地热，给一个室外游泳池保暖的费用会非常昂贵。无论艾拉再怎么想办法，这也不可能行得通。于是我礼貌地点点头，正准备离开，她却指了指天空。"看，那就是我的幸运星。"

　　我顺着她手指的方向看过去，果然，在明亮的日光下，有一颗星星，而且它越来越亮，直到我的脸上能感受到仲夏阳光般的温暖。

而就在这股温热出现时，星星一闪而过。

"你有一面镜子，"我说，"你竟然有一面轨道镜。"

艾拉对我眨眨眼，"所以过滤器还得修，指望水自己冻干净怕是不成。"

你们完全能想到这个故事接下来的发展。丽都浴场重新开张，宾客盈门，排队的人又像以前一样，在西岸街排了个来回。水不算暖和——理论只是理论——但你很容易说服自己它是暖和的，因为一直晴空万里。整个苏格兰都没有这样好的天气。整个世界都找不出来！

大多数当地人都在享受波多贝罗这在苏格兰独一份的好天气，认为没必要刨根问底。但很不幸，大多数不代表所有。很快，消息不胫而走：我们的艾拉有一面轨道镜，正对着我们。没人知道她是如何得到它的，它只会属于气候工程师或亿万富翁。但后来，在我的一再追问下，她说出了实情。原来，这面镜子是她从她母亲那里继承来的。没错，她母亲就是布设这面镜子的总工程师。它是最早布设的轨道镜之一，一个初级的小玩意儿。在她母亲去世后，这面镜子就被人们遗忘了。但它还在轨道上，实际上在大洪水之前，她母亲就把它送给了自己的独生女。于是，当艾拉16岁时，一只数字信鸽飞到她面前，衔着经过公证的数字证书——开启温暖的钥匙。

如果这是个童话故事，讲到这里就应该接近尾声了——艾拉受到人们爱戴，小镇被她从荷里路德宫的大人物们的清单上救了出来，留在了地图上，而她也终于在经历了这么多苦难后找到了自己的家园。但这不是童话故事，这是2046年，是超级风暴伊欧娜袭来的年份。

预报显示它在一周前便已形成，但到了解到它的路径和破坏力时，我们只剩下几天时间。他们说"这场风暴的破坏力足以摧毁整个波多贝罗"，而小镇太小了，没有资格得到灾后重建，所以我们私底下都在开玩笑说，荷里路德宫终于能免费得到他们的半空世界了。

撤离前一天，丽都浴场有一个大型聚会。所有人都收到了邀请，门票免费。那一天，我们纪念这座小镇曾经拥有的一切，直到艾拉创造的奇迹。我只能说，关于我和乔在庆典结束时一起跳进水里的说法都是无稽之谈。真实的情况是，当太阳开始落山时，我们的幸运星也暗淡下来，所有人都失去了兴致。

第二天早上，我们只有几个小时进行撤离。我知道，这听上去很鲁莽，但波多贝罗本来也没多少居民。委员会征用了所有火车和汽车，我们可以晚一点离开。艾拉和她的伙伴们是最后离开的。对这些年轻人来说，情况还是有些不同。丽都浴场是她们在这世界上留下的第一个印记，你不能责怪她们对它的依依不舍。

但随后，怪事发生了。我们都能从眼镜上看到，超级风暴伊欧娜偏离了它原本的路径。也许是气象学家搞错了！不，这不可能。这意味着伊欧娜受到了干预，刚好绕过了我们的小镇。果然，几小时后，伊欧娜在海岸边擦肩而过，只破坏了海岸墙，波多贝罗基本完好——除了丽都浴场。

是的，又是艾拉。我偷偷看了一眼她分享给我的轨道镜报告。艾拉刚刚引燃了最后剩下的反应燃料，将光束引向风暴眼。之后，轨道镜的能源储备彻底耗尽，站台无法继续保留，没有什么能阻止它沉入大气层，然后被撕碎，变成闪光的尘埃。

没错，我们又庆祝了一次，两天里的第二次。但艾拉并没有显得有多高兴，尽管她又成了英雄。我可以看出她在强颜欢笑。她与家人最后的联系也消失了。同时她还会因为擅自进行气象改造而招来各种麻烦。于是，我也决定擅自行动一下。趁众人在聚会上把她围在中间时，我拿起她的备用眼镜，开始工作。

　　　　　　　　　　给 91 件未来事物写历史

第二天一早，调查人员就来了。一开始她们并不相信，不相信一个像我这样的老太太能做出这种事。

"不好意思，女士们，"我开口了，"虽然老太太我60多了，但我对安全保护技术非常了解。我一直在写 Python 脚本，做轨道力学计算。我搞研究的时候，你们还在你们妈妈的怀里喝——"

"夫人，我想我们都理解了。"她们说，"如果你愿意为这一行动的所有严重后果承担责任，那就这样办。你的收入会降至最低等级，未来10年内你的社区贡献时长提升到原来的3倍，并且在未来15年内，你都将被禁止进行一切非必要的网络访问。"

我点点头，为她们把门打开。"啊，很好。你们慢走。"

这件事就这样了结了。我回到图书馆，负责管理最后剩下的几本印刷书籍，眼镜换成了钢笔。艾拉呢？当然，大多数人都知道我不是移动镜子的人，这意味着她有能力写出算法，让那面小镜子力挽狂澜。当然我得说，她的能力在后来跟顶级气候组织合作的过程中，又进步了不少。

在这中间，她又找过我。就在她刚在波多贝罗有了自己的事业和家庭的时候，他们需要她去其他地方工作。他们说她距离设备有几光秒的距离，这是不行的。她要先去加拿大受训几年，然后去轨道上执行真正的任务。她不想走，但我知道她不该留在这座小镇上。

"你该走了，艾拉。"我对她说，"我们苏格兰人总要离开家，去世界上闯一闯。你已经走了这么远，还要继续走下去，这对你似乎不公平。但这里永远都是你的家。总有一天，你会回来的。而且你不用担心我。你已经把这座小镇照顾得很好，现在是时候照顾你自己了。"

我的故事就讲到这里吧，不是因为她离开时那些泪水，而是因为故事还没结束。在她回家之前，我们都写不出结局。

《老鼠之死》

DEATH OF A MOUSE

> 米妮：米奇，别这样！他已经得到够多了！
>
> 哈利：别再找借口了，他不会懂的。他不会听你的！
>
> 米妮：闭嘴吧。他是一只伟大的老鼠，他比你做人伟大两倍还多！

《老鼠之死》于 2047 年 1 月 1 日凌晨 00：00：01 上演，成为第一部利用总价超过数百万美元的版权作品改编，并进行公演的戏剧作品。

这部戏剧以米老鼠和哈利·波特这两个最著名的"版权解放角色"为主角，但由于缺乏独创性、情节缺乏逻辑，总体上表现平平。尽管如此，由于老一辈的怀旧情结，以及当时年轻人的复古时尚，门票在加拿大实验戏剧节上只用了一周便全部售罄。

论及影响力，《老鼠之死》远不是自 2032 年起连续进行 8 年之久的"漫长大会"（Long Congress）后涌现的数百万种图书、电影、游戏和戏剧中最出色的。但它也许是了解大会前后创意世界格局最具代表性的作品。

从历史角度来看，版权是个相对较新的发明，可以追溯到 18 世纪。随后短短的 3 个世纪里，版权条款惊人地从 28 年增加到创作者终生加死后50年。而这一条款也随着国际贸易协定扩展到全世界。

但即便是这些为了惠及原创作者子女、孙子、曾孙、曾曾孙的慷慨条款，对于另一些人也是不够的。迪士尼、华纳、麦克米伦、网飞以及其他需要依赖旧版版权经营的公司，都在2010年代和2020年代为自己的作品争取并赢得了特别延期。每次在法庭上的胜利，都意味着它们获得了相当于永恒的版权。这些通过将白雪公主、罗宾汉等深受人们喜爱的角色在公共领域货币化赚得盆满钵满的大公司，无意让自己的角色回报公众的喜爱。利润胜过一切。

然而，到2030年代，由于三个关键因素，这一问题迎来转折。欧盟和东盟开始执行"首次销售"原则，允许消费者转卖数字商品，再加上媒体全面数字化的长期后果和来自自由创意手工艺人的竞争——这些变化导致创意媒体越来越难以垄断收益。实际上，这是对历史默认状态的复原，内容上既不存在竞争，也不具有排他性。只有那些拥有最多积累和知识产权的大公司才能继续运作，主要依靠首次销售和订阅获益，但利润也不如从前，同时维护版权也越来越难。

很显然，除非严格限制公民的自由，否则并没有切实可行的方法对版权进行保护。数十亿人每天都在利用可穿戴设备，例行记录TB级的视频和音频。这些数据被认为是神圣而不可侵犯的，和个人记忆同等私密。尽管有人认为，单凭这些记录中可能存在偷录下来的歌曲，就应该对这些数据进行监控和审查，但大多数人认为这不合情理。人们只需要翻阅一本书、听一首歌，或是看一部电影，就能够将它们永久保存下来。即便是那些复杂的应用程序和游戏，也可以在专门的人工智能和增强团队的帮助下进行反向工程和复制。

不过缺乏可执行性并不是版权条款改变的最有力理由。最具说服力的理由来自思想层面的反对意见，即思想自由流动的重要性，以及长期的版权条款对创意活动的协作性及共享属性的扼杀。

正是在这样不断变化的环境中，《伯尔尼公约》第二次修订大会在 2032 年召开，目的是建立一个全新的国际版权制度。但经过了 3 周时间，除了确定将组织一个囊括所有相关方在内的扩大版权会议之外，谈判毫无进展——于是"漫长大会"由此展开，这是一场长达 8 年的意识形态与讨价还价之争。

大会最初 3 年，出版商及其他利益集团凭借其优越的组织性和明确、统一的目标——维护现有制度——占据了上风。他们只做出轻微让步，即允许私人录音和录制的内容纳入公平使用条款。如果不是两位关键代表临阵倒戈，这些条款本可在 2035 年通过。

多亏了其中一位代表——美国人罗杰·海德（Roger Hyde），现有条款的反对者们才开始团结在同一面旗帜下。他们不再主张废除版权条款，而是要求回到 18、19 世纪的状态：14 年版权期，只能续约一次，同时要求降低版权许可的门槛。这一系列要求被称为"经典版权条款"。其他条款则对公司将角色或创意注册为商标的能力进行了限制——这是解放米老鼠等角色的关键因素。

感觉到这可能是他们能在现行环境下取得的最好结果，出版商们勉强在 2040 年签署了协议，不过他们也争取到了为期 7 年的宽限期。这让他们有充分的时间全身而退，通常涉及将经典资产过渡到新的、受版权保护的形式，以及对新的创意产品进行重大投资（讽刺的是，这恰恰是版权最初，同时也是唯一的目的）。

2047 年涌现的公版作品数量惊人，都是由 2019 年之前出版的作品衍生而来的音乐、电视剧集、游戏、电影、艺术创作。在这之后，每过一年，又会有更多作品得到解放。

至于《老鼠之死》这部戏剧，最终在 2061 年，也就是首演后 14 年进入公版。创作者表示"对（自己）40 年代的作品不再感兴趣"，拒绝续签版权。一年后，这部作品被惠夏俊（Ha-Joon Hui，音译）改编为讽刺游戏《死神之死》（*Death of a Death*），对机会主义、创意产业及 2040 年代的社团主义怀旧思潮等主题进行了探讨。到今天，《死神之死》被广泛认为是 2060 年代最具影响力的游戏之一，看来减少版权约束真的可以推动旧观念革新——它终达成了这一目的。

系统模因项目

SYSTEMIC MEMOME PROJECT

德国 | 海德堡 | 2047 年

在互联网诞生之初，一些乐观人士认为，以如此廉价的方式进行信息共享，将引导人类进入一个辉煌灿烂的新时代。他们的预言中最重要的一点是，互联网能够让人类互相理解。不同年龄、种族、信仰的人们能够通过摆脱偏见的话语结合在一起，成为手拉手、心连心的兄弟姐妹。

他们忘记了一点：人类终究还是人类，互联网不会把我们变成天使。让人们有机会接触到不同的观点，从不意味着人们可以就此理解异见。实际上，互联网可以说导致了很多群体中的弱势观点更加封闭，这一影响一直持续到了今天。个体和社区都陷入几乎没有事实依据的争论和信仰当中。慕尼黑大学模因学[1]教授费奥多尔·戈特利布（Feodor Gottleib）解释道：

以全球变暖为例，尽管全世界大多数科学家都同意全球变暖是真实存在的，但很多人拒绝相信这一点。他们选择观看的电视节目、选择浏览的新闻网站、选择交流的每一个人都会告诉他们：人类活动造成全球变暖是个谎言。任何可以作为反例的事实证据都会被新的

---

1. 模因学，一种基于类比达尔文进化论的视角来研究心智内容的学说。——译者注

消息来源覆盖，这些消息来源看上去都是合法的，尽管经不起推敲。这种情况会让人们越发脱离现实。

弱势观点认知封闭并不是新现象，但随着互联网允许人们自己选择消息来源和社区，它也获得了新的伪装。最小众的信仰也能在网上找到安全港湾，而即便是相对较小的社区也可能具有不成比例的政治、经济力量。当时的研究人员已经理解，这种认知封闭也会困扰一些高智商人士，因而接受更多教育并不是十分有效的解决方案。不过海德堡大学的社会学家认为，发展模因多样性可能更加有效。戈特利布教授讲述了他们的想法：

理论上，这些人自己也清楚，通过阅读其他新闻网站或结交新朋友，足以增加一个人和一个社区的模因多样性。但这说起来容易，实践却很难！我们是习惯的动物，大多数人，包括我自己，都更愿意保持生活的常规性，待在自己的舒适区里。向新想法以及由此可能带来的认知冲击敞开心扉，需要更多勇气，这种勇气通常源于情感和经济上的安全感。

关键是，当时没人知道如何才能以真正可靠的方式增加模因多样性。更糟糕的是，没人知道模因多样性应该达到怎样的程度——作为先决条件，实际上——才能解决实际问题。

系统模因项目（Systemic Memome Project，SMP）的发起，正是为了解决这些困难。该项目由海德堡大学的一个增强团队提出构想，目的是创建一张活地图，记录全世界思想的创造、演变和分布。这项工作的规模及其试图从内部对一个系统进行分析的艰难，使得团队大量启用原型语义[1]人工智能。即便如此，他们还是饱受数据收集和隐私问题的困扰，迫使他们只能在 2047 年的第一版地图草稿中使用公共数据。

和我们今天使用的版本相比，"SMP 地图 1.0"简单到近乎幼稚，粗糙得令人心烦，每天只能更新一次。但对当时的人们来说，这是一个令人叹为观止的创造——错综复杂的思想组成的变化模式，由改良后的伊斯奎尔－马瑞恩（Ithkuil-Marain）[2]符号系统呈现。这些符号描述的大江大海、岛屿山川并不是那些物理地理学的存在，而是对地球上每一位网民的思想彼此联系的描绘。

结果很明显：模因的多样性比他们所担心的程度还要低。思想的贫瘠并不限于某种意识形态或地域的个人和社区，而几乎是一种普遍现象。尽管数十亿人每时每刻都在透过镜头和眼镜接触新的思想，但这些思想几乎都是一次性消遣，无法留下持久的印象。这不完全算是令人大跌眼镜的结果，我们当然无法指望人们能吸收所有新思想，但充耳不闻的程度还是远高于预期。

政治是人类模因多样性表现最差的领域之一。与新左派的意见林立相比，美国民主党更体现出认知封闭的迹象。但在全世界范围内，大多数选民都极不愿意接受新思想。

但也有一些亮点。在大学和俱乐部等看似与世隔绝的社区中，模因多样性反倒表现很好。研究人员认为，这些地方能够提供足够

---

1. 原型语义（prototype semantic），是在语义特征分析基础上提出的一种语义结构假设。语义特征分析理论认为，单纯用一些孤立的语义特征表示语义，有时是不充分的，因为同一类物体的特征可以是多种多样的。在此基础上，"原型语义"指代表某一类的范例典型，它除具有定义特征外，其独特特征在同类中是最常见的。例如对于鸟类的认知，可以假定一种"原型鸟"，其他鸟类便可以通过"原型鸟"＋"特殊规则"的方式实现定义。——译者注
2. 伊斯奎尔语和马瑞恩语均是 21 世纪前后诞生的人造语言。

的安全感，让成员接受新想法。然而，这些多样性极高的岛屿往往存在时间不长，几个月或几年后便会随着既得利益和意识形态的潜入而消失。

随着 SMP 地图完成，海德堡团队着手解决下一个问题：如何提升模因多样性？为了寻找答案，他们在不知情的受试者身上采取了数千种策略。其中包括使用人工智能代理操纵在线讨论的方向，引导人们考虑枪支控制法案的新形式；另一个策略是在反对合约式婚姻的紧密社区设计一些情境化的矛盾。然而，更多实验旨在对模因本身进行修改，使其更容易被孤立社区接受，甚至干脆打造能够接受它们的新载体。

令团队意外的是，他们的很多实验都取得了理想的效果，有的甚至过于成功。在一番内部争执后，团队决定公开他们的发现。舆论将这些实验视为丑闻进行攻击，很快便有严格的规定出台，要求所有模因操纵实验必须在所有参与者知情的情况下进行。大多数人认为，这几乎宣布了项目的末日，因为一旦人们知道正在进行的是一场实验，将很难再参与其中。

但事实证明，这种预想是错误的。模因多样化工程仍在继续，相关技术也得到了进一步发展。人为改变的模因开始布满"世界地图"。这些模因是否进行特殊标记（有消息披露标记并不完全）影响并不大，很多人会挑战那些被改造的模因——模因代理阐释并依赖的东西——并且乐在其中。一些限制新加入成员必须证明自己是真实人类的社区在一段时间内表现更好，至少是在模因操纵实验短暂成为那些愿意携带模因的人的健康就业来源之前。

军备竞赛升级，不信任增加，一些社区甚至因此变得更加封闭。保护性的模因监测器被开发出来，当个人有被操纵的风险时，它就会发出警报。对很多人来说，这种监测设备产生了意想不到的影响。社区内部的模因操纵行为也会被监测出来，导致很多人开始反思自己的信仰。人们也许会好奇，海德堡团队是否一直都预见了这些变化。

今天，我们已经把模因操纵和模因监测器视作理所当然。我们的预见是，有一些更强大的力量在试图操纵我们接受和传递的模因。希望我们没有被打败。

魔法所之火

THE FIRES OF MAHOUTOKORO

地球 ｜ 2048 年

　　《哈利·波特与魔法所之火》（*Harry Potter and the Fires of Mahoutokoro*）并不是 2032 年的"漫长大会"后，随着 J.K. 罗琳的系列小说进入公版领域后正式出版的第一部同人小说。实际上，在它之前已经有无数同类作品出版。它当然也不是最受欢迎或最出色的——这份荣耀应当归于"休兰－布朗"三部曲。

　　然而，它却是"哈利·波特"系列所有同人小说中最接近原著风格的一部。讨喜的世界架构、主角之间的吵吵闹闹、富于节奏感的情节设计，还有误导读者的小伎俩：J.K. 罗琳所有的技巧和缺陷都在这部将哈利·波特设定为初级傲罗[1]的冒险作品中展现得淋漓尽致。

　　人们纷纷猜测，这部作品出自罗琳本人的手笔，尽管她早就表示不会再创作"哈利·波特"系列的故事。记者们挥舞着粉丝热切的"实锤"文章和学者们严谨的考据论文，要求证实作品的真实性，但最有力的证据来自由鉴证语言学专家组成的增强团队。通过对它的"解剖"，结论确凿无疑：这部作品与罗琳自己创作的"哈利·波特"

---

1. 傲罗（Auror）是《哈利·波特》中设定的一种职业，是一群抗击黑魔法的精英男女巫师组成的魔法界的"刑警"。

系列故事的一致性高达 98%。

然而，在整个过程中，罗琳一直坚称，她对《哈利·波特与魔法所之火》这部作品一无所知，更没有参与其中。由此引发的谜团带来了数百篇研究生论文以及各种阴谋论，但所有说法都无法解释随后一年内出版的 20 多部"哈利·波特"系列小说，延续了这个故事，而且都是以"绝对 J.K. 罗琳"的笔调写就。

显然，这不可能是某个天才小丑的简单恶作剧，也不可能是罗琳自己写的。相反，这些作品是一个反向鉴证语言学项目的产物。

如果说鉴证语言学是通过将文本与更多作品进行比较确定其作者，那么反向鉴证语言学（Reverse Forensic Linguistics, RFL）便是在充分了解某位作者的基础上，进行文本创作。语料库越大，效果越好——光是"哈利·波特"系列的主要作品就有 100 多万字。但在 2040 年代进行 RFL 实践并不像你想象的那么容易。巴斯斯巴大学的约翰·门罗（John Munroe）教授解释说：

当时，RFL 引擎是粗鲁的、没有想象力的野兽。你不可能把文字塞进去，眨眨眼，然后就从另一头拿出一本小说。你还是要让人类作家通过有创意的、有说服力的情节来操控引擎。问题是，大多数成名作家都对根据其他可能更有名的作家的风格来创作"文学"不感兴趣，因此第一批 RFL 设计者暗中向同人作家求助。在漫长大会结束之后，同人作家非常之多。

其他开源的 RFL 引擎，如马尔科夫处理器模型，很快就在中国自由大学和牛津新人文学院诞生了。阿加莎·克里斯蒂[1]（Agatha Christie）、斯蒂芬·金[2]（Stephen King）、斯坦尼斯瓦夫·莱姆、道格拉斯·亚当斯[3]（Douglas Adams）和J. R. R. 托尔金[4]（J. R. R. Tolkien）等人很快"出版"了数百本新书。人类"掌舵"必不可少；大多数RFL引擎善于设计对话和细节，但在情节布局方面表现不佳。版权不是问题。漫长大会已经把足够多的素材释放到了公共领域。

但也不乏反对声音。很多在世作者声称，RFL构成了对其基本个性和智慧的复制。他们继续追问，倘若RFL能够准确地模仿作家的写作风格，这难道不是在侵犯一个人对自己个性的权利吗？

答案是否定的，至少根据美国第二巡回法院的说法，因为历史上有很多能够进行惟妙惟肖模仿的先例，并不需要用到RFL。尽管如此，威尔逊诉米勒一案为2050年代人格模拟领域未来的纠纷埋下了伏笔。

随着时间的推移，RFL引擎进行了升级，允许不同作家混搭组合，比如J.K.罗琳配莎士比亚、道格拉斯·亚当斯配安·兰德[5]。有些组合的效果格外出色。RFL引擎也被推广到了更多流行媒体当中，

---

1. 阿加莎·克里斯蒂（1890-1976），英国侦探小说作家、剧作家，一生发行了超过80本小说和剧本，大部分小说都被搬上荧幕。代表作包括《东方快车谋杀案》《尼罗河谋杀案》《无人生还》等。——译者注
2. 斯蒂芬·金（1947-），美国畅销书作家，以恐怖小说著称。代表作包括《闪灵》《魔女嘉莉》《绿里奇迹》等。——译者注
3. 道格拉斯·亚当斯（1952-2001），英国广播剧作家、音乐家，以《银河系漫游指南》被大家熟知。——译者注
4.J.R.R.托尔金（1892-1973），英国作家、诗人、语言学家，被誉为"现代奇幻文学之父"。代表作包括《霍比特人》《魔戒》《精灵宝钻》等。——译者注
5. 安·兰德（1905-1982），俄裔美国人，哲学家、小说家。代表作包括《源泉》《阿特拉斯耸耸肩》等。——译者注

比如电影（韦斯·安德森[1]被选作测试案例，因为他程式化的风格），最终延伸到了游戏设计方面（测试案例是腾讯公司，理由同上）。

在全新的文学与娱乐创作浪潮中，很多评论家担心 RFL 意味着创造的终结。他们大可不必担心——一个人只能消化一定数量的"哈利·波特"。而我们对故事中真正全新的声音的渴望，始终是 RFL 难以满足的。

---

1. 韦斯·安德森（1969-），美国导演、编剧、演员。代表作包括《犬之岛》《布达佩斯大饭店》《了不起的狐狸爸爸》等。——译者注

观察者数据库

THE OBSERVAVI DATABASE

地球 | 2049 年

DNA 结构、伏尼契手稿、达·芬奇手稿、诺查丹玛斯大预言……我们总希望能够从世界的白噪音中找出某种信号。

这种冲动源于纯粹的生存动机——能否在周遭环境中识别出老虎的条纹，显然攸关性命。现如今，这种观察和识别的本能已经被用于科学发现，比如利用有限的技术和我们的智慧推断 DNA 结构。但其中一些最为诱人的谜题却是由人工创造的，比如观察者机器。

"这个机器最初是通过一个 30 千兆字节的立体平版印刷文件诞生的，是一组进行 3D 打印的指令。由于上传者没什么名气，加上除了标题的'观察者'之外再无其他说明，这个文件被冷落了几个月。不过随后，似乎也是因为某人的玩笑，这个文件一连占据了某位朋友的打印机几个月时间。"观察者学者格雷戈·加夫尼（Greg Gaffney）说。

"乍看上去，观察者是一台原始的计算机器，由某个低调的业余爱好者设计。但一开机，它便显示出对未来事件的本质及发生时间的不同寻常的预测：新的科学发现、太空天气、选举结果、电网利用水平、尚未播出的电视剧情节，各种莫名其妙的东西。"

机器的主人贾丝廷·陈操作了几分钟，感觉这台机器完全没用，于是就把它放在客厅里当摆设。"我没舍得把它扔掉，况且，让它作为聚会时的一个谈资也算不错。"100 天后，机器停止运行，她便把它放进了地下室。

在那里，它完全被遗忘了，直到 2049 年的 X 50+ 级太阳耀斑爆发。除了造成一直延伸到土耳其南部的惊人极光外，这次耀斑还造成轨道运输的严重干扰，持续数日。陈记起她曾在机器上看到过有关太阳耀斑的内容。调取自己的记忆内存后，她发现机器确实预测到了这次耀斑的持续时间和强度，甚至连日期都分毫不差。

这令她深感好奇，于是她回溯了自己有关这台机器的视觉记忆（少得有些遗憾），找到了它做出的其他 35 次预测。

11 次正确。

5 次接近正确。

9 次完全错误。

另有 10 次预测尚未到发生时间。

大多数听过陈的故事的人只把它当作一个时间跨度极长的恶作剧，但随着剩下的 10 次预测中有 4 次完全应验（随后不久进行的体育比赛的赛果、叙利亚的小规模地震、当年奥斯卡获奖者完整名单，以及上罗马空间站短暂的电力高峰），人们开始真正关注起来。这一事件显然超出了简单恶作剧的范畴，要么是机器预测的准确率达到了前所未有的程度，要么是它（或它的制造者）在操纵事件发生，以匹配预测结果。无论是哪一种情况，对研究人员和政府来说，这都是一个意义重大的难题，是一个无法解释的危险新事物。

重构机器已不可能；即便把时间调回到 2049 年，它也已经无法运行。强行开机的尝试也失败了，因为它的电路中存在一些非常奇怪的量子机械特性。

机器研究受阻，研究人员把注意力转向了制造机器的源文件。

其中只有十分之一内容与机器本身的物理制造有关，剩下的数据中有一半是处理网络上各种数据源的软件，另一半是完全的胡言乱语。不过一个锐意进取的增强团队取得了突破性进展：他们破译出这些胡言乱语实际上是刻意混乱化的伊斯奎尔－马瑞恩语，一种具有极高特异性的人工语言。格雷戈·加夫尼解释了这一部分内容：

14千兆字节可以承载很多信息，而这个文件的作者一点都没有浪费。3个虚拟世界、7部游戏、600首诗，还有50部小说——其中有两部在经过翻译后获得了多项文学奖——都存在里面。所有这些东西的连接主题是知识，其中一些游戏和小说包含了对于未来令人沮丧的模糊预测。所有人都为这些内容着迷，就像《启示录》或《诺查丹玛斯大预言》一样。

然而，这台机器究竟是如何工作的，它又是谁创造的呢？第一个问题由班伯里方法增强团队（Banburismus Amplified Team）给出了部分解答。他们煞费苦心地利用软件模拟了整台物理机器。尽管它依然拒绝工作——这台机器以某种方式知道它并非在真实世界中运行——但这一实践让班伯里团队确定，这台机器中包含了一个人工智能，它的行为部分受所谓"非代码"部分的影响。也就是说，那些书籍、虚拟世界等内容，并非随意加入的内容，它们都是人工智能代码的组成。

尤其特殊的是，这个人工智能没有任何开发者签名，也没有遵循标准软件的惯例。一些研究人员认为，和代码部分一样，这个人工智能也被特意进行了模糊化处理。另一些研究人员认为，它是由一个远程增强团队制造的，也许是在轨道上的某个团队。少数人认为这是一个失控的人工智能产物。

创造观察者机器的动机，甚至比它对自然灾害及体育比赛获胜者的预测更令人不安。它预见了一个自由意志、宿命和人类可操纵性将成为基本问题的时代。在那个时候，最简单的人工智能已经可以通过少量数据对人类的基本行为进行识别和预测，而如果这种力量可以累积的话，这台机器只是它们力量的一种正常放大。

在过去 50 年里，这台机器被越发详细地模拟出来，但无一例外地，它总是能够发现什么，然后自行关闭。目前的记录显示这台机器总共运行了 137 秒，人类只能从这有限的时间中推测其设计的关键因素。而所有让其他人工智能及后人类投入这一研究的尝试，无一例外遭到了漠视。但这进一步助长了人类的好奇之火。

有些事情，人类可能永远也无法探明真相，但我们永远不会停止在白噪音当中寻找信号的企图，更何况这个信号可能揭示我们的未来。

新民主
THE NEW DEMOCRACIES

欧洲 ｜ 拜占 ｜ 2050 年

以下是一位匿名拜占居民对"新民主"破坏活动期间的描述。

这些橙色库尔塔仿佛"从天而降"。 和大多数人一样，当时我的注意力都被观察者数据库的各种传说吸引，结果并没有对"群众星期一"的任何对话发表观点。 第一次充电桩和数据中心破坏活动，是对智识者（epistocrats）征收注意力税——作为解决经济增长放缓方法——的回应。 奇怪的是，这些破坏活动源起于一个老年失业者——马库斯·里希特组织的请愿。 在请愿书正文里，里希特告诉我们，他已经 78 岁了，靠微薄的退休金生活，栖身在政府运营的保障住房里。 他认为注意力税无法通过让休闲活动变得更昂贵来提高生产力，反而让他的生活失去了最后一丝乐趣。 他认为，如果真的想改善经济，政府应当投资改善工作条件。

破坏活动和抗议之间并无明显的区隔。 二者都会打断正常的生活节奏，蓄意破坏和抗议同样是在表达不满。 但在拜占，抗议是被禁止的，因此这些橙色库尔塔便站出来进行破坏。 智识者预料到会有少量的破坏活动，但在第一个群众星期一，有十几万人穿上了橙色库尔塔衫，出现在近万个地点。 他们扯断电线，把饮料倒进插座，在无人机出口前打盹儿。 这一系列活动有一种混乱、滑稽的特质，

新民主 267

而且发生在星期一，仍属周末假期，因此只造成了很小的破坏。

将那个星期一的活动与其他国家"表演性破坏"运动区分开来的是其突发性。统治拜占的智识者，即所谓"智者"，认为自己是开明的，能够听取任何观点。通过增强团队和对民众基本政治认知的不断调研、测试，他们能够在概念层面完美地实现信息整合，了解民众喜好。这就是在拜占生活的暗中交易，同时也是你自愿放弃投票的原因：你放弃了个人尊严，换取个人利益。集体尊严换来了集体的利益。这不是"集权主义"，而是"智者治国"。如果不喜欢，你随时都可以离开。

所以，如果橙色库尔塔们在接受调查时能如实回答，如果他们对政府仍有信心（鉴于这些人仍住在拜占，这或许是理所当然的），星期一破坏运动就不会发生。注意力税可能被修改，将会对老年人和弱势者豁免。不过，这次破坏影响很小，无伤大雅，完全可以归结成是一次意外。

然而，令人意想不到的是，在下一个星期一，街头出现了两倍于先前的橙色库尔塔。我和我的朋友们为这种不可预知性陡增的生活感到焦虑，却也暗中兴奋。简单吃完午餐，我们来到城市的主林荫道，这时第一批破坏者已经开始集体行进了。一支由 OAID 组成的空中舰队在距离地面 5 米高的地方盘旋，静静注视着这一切。橙色库尔塔们展开他们的标语，既有实体的，也有虚拟的，宣告他们对注意力税的诸多不满，反对清空西南区的提案，要求神经系带补贴，要求将选举权扩大到全体公民，要求重新实施完全民选。

仅仅是街道上突然拥上这么多人，便足以令城市整体服务效率放缓。拜占的智识者们并未建设地下交通隧道，他们认为地面交通足以满足最极端的需求，也足以应付最极端的自然灾害。然而，如果大规模人流阻碍了交通，再加上大规模罢工对交通网络的破坏呢？这是一种完全违背城市与市民之间契约的情况。

这些拜占人为何要恢复民主？在那个时代，美国早已不是榜样，它拥有 50% 的失业率、可笑的总统竞选——获胜者以极少数票当选，再加上严重失衡的参议院代表比例。但民主的理想依旧存在。智识者们很优秀，在拜占，很少有人会说他们的统治没能带来可观的物质利益。但有些人——很多人——希望能够拥有犯错的自由，当然，他们也会为这些错误负责。我本人并不在那些挥舞着民主旗帜的人之列，然而我常常在想，我的调研问卷答案和测试结果是否真的会对社会运行产生影响。

对于第二次群众星期一破坏活动，政府部署了反向定位搜查令，以确定参与者的身份。当然，这只是一种形式，但智识者们喜欢遵循自己的规则。第二天，20 万名橙色库尔塔收到了警告。他们被告知，由于破坏活动，GDP 受到影响，预计将下降 0.3% 左右。这会使得全体公民的生活质量下降，而且不仅影响今年，还将延续更久。从技术层面上说，这个结论可能是正确的，但这同时暴露了智识者对自己的分析能力过于自信的致命弱点，以及他们对公众情绪在如此短时间内发生变化之原因的明显误判。

这并非由于他们无视历史经验。从上学起，我们便被灌输民主的力量，19 世纪、20 世纪公民选举权的快速发展如何为民主之塔添砖加瓦——它如何随着医疗、教育保障、普及教育，甚至一些地方的基本收入保障而获得进一步支持。我们也了解到，随着选举权无法进一步扩张，民主如何变得精疲力竭，无力再为长期事业提供助力，也无法解决气候变化、不平等、生物恐怖主义等问题，进而导致专制君主的崛起，然后便是智识者的出现。没有人认为美国、希腊或法国会放弃民主，但在这些地方，民主似乎明显成了一种负担——快速取得政绩成了各届政府的当务之急。

第三个星期一，橙色库尔塔明显减少了。有些人被警告吓到了，有些人则是为紧急服务受到破坏活动干扰而自责。不过，那些仍选择走上街头的人眼中闪烁着危险的光芒，他们决心要向智识者的意志发起挑战。他们修改了策略，允许重要车辆通行，同时封锁了商店、餐馆和政府办公室。他们认为，可以通过人工智能代理复兴民主，帮助公民评估长期目标。我问过一个橙色库尔塔，这样做的结果难道不是让他们过去的偏好和行为进一步加强吗？结果我收获了一场冗长而无趣的演讲，关于人工智能代理能够在时间层面进行纵向的权衡，甚至还能横向考虑到其他人的诉求和愿望。为了从中脱身，我答应他会读一读与"非聚合人格"（disaggregated personhood）有关的内容。

我承认，我对何种治理方式并不在意。我和我的朋友们一致认为，我们已经从智者治国当中获益不少。但如果变一变，可能也会很有趣。如果其他人的诉求如此强烈，搞一个新民主社会也未尝不可。反正，要是不喜欢，我们随时都可以改回来。

半国失业
50 PERCENT UNEMPLOYMENT

今天的事物是《纽约时报》2050 年的一篇文章，发表于美国劳工统计局发布具有里程碑意义的"全国失业率 50%"报告之后。

卡斯滕·吕霍尔特的手指不停地在桌面上敲打。 这是明显心不在焉的表现。 咚——咚——咚——咚——咚，等待上茶的过程中，他似乎无法放松下来。 当我问他是不是远道而来时，他立即回答："是的，45 分钟。 但没什么，出来转转也不错。"

吕霍尔特已经正式失业 15 年了，但这样的情况已属常态。 根据劳工统计局上周公布的数据，全国失业、就业不足及完全无业的人口已经突破了具有象征意义的 50% 大关。 然而，就在专家们谴责美国经济"又"到末日了的同时，很多人脑海中浮现的其实是另一个完全不曾有人提及的问题——如果大多数人都失业了，又会怎样？ 在这个极度随意化、完全自动化的世界里，"就业"这个概念本身还有什么现实意义吗？

"被解雇对我冲击很大，"吕霍尔特说，"1990 年代，人们总会问小孩子，长大以后想做什么？ 答案通常是宇航员、消防员、游戏设计师，诸如此类。 只要努力，你就能实现！ 只要有梦想，就一定可以成真。 所以，你要上学，上大学，拿学位，找工作，做一切别人让你做的事。"他欠了欠身子，摇摇头，表示不屑，"而当你才 46 岁时，这一切便戛然而止。被新闻网站解雇的时候，我觉得自己完蛋了。但事实并非如此。我并没有突然无家可归，社会也没有把我当成垃圾。为什么会这样？因为其他人也失业了。所以，我不知道这是好事还是坏事。"

今日的年轻人也会感到困惑与迷惘，但方式并不相同。他们会不解，像吕霍尔特这样的人为何会自愿签署一份合同，把自己清醒时的一半时间花在工作上，更不用说这份合同几乎不给他任何发言权或任何有实际意义的收益分红。年轻人认为，各州都有强制医疗、失业保险和基本最低收入保障——但是当然，这些都是最近才有的东西。在过去，如果你有机会签一份就业合同，都会被看成幸运儿。而现如今，就业是一道无足轻重的选择题。

尽管成长在不同时代，但吕霍尔特这一代人普遍认为，国家新的社会保障制度是一种积极变化。正如一位朋友对我说："当你不担心自家断网的时候，富人去火星旅游也无所谓了。"然而，对老一辈人来说，最难适应的是无法再像过去那样，通过就业实现一种稳定的生活。

"21 世纪头 20 年是新闻业的黄金时代，那时候大多数文章还要手动输入。"吕霍尔特回忆道，"我早上 8 点 45 分到办公室，右手边是星巴克的咖啡，左手边是我的苹果手机，面前有两台显示器。那时候，戴眼镜只是为了矫正视力。显示器桌面上有三列好友列表、一个 Skype 窗口、一个 Gmail 窗口，最前端是 Safari 浏览器。是啊，那是最接近全神贯注的时刻。

"做科技新闻，一切都是为了成为第一。这意味着我们要工作很长、很长时间，会有一种节奏来决定我的一天。而且当时没有智能代理，没有数据矿工，没有声誉指标，也没有自动化的事实核查器；

只有一片荒野！而今天……好吧，高频率写作者们已经占领了全部市场。我每天依然会早早起床，但无事可做。"

在近代历史上，直到工业革命，人类才将自己的生活划分为孤立的、以小时计量的时段，主要是为了满足在新兴工厂里工作的需要。到20世纪，这种做法几乎扩展到生活的每一个领域，包括学校教育。甚至可以说，"周末"也由此发明。一个世纪以来，人们总在谈论"朝九晚五"、在"工作时间"、要在"高峰时段"上下班，在周五晚上喝酒庆祝周末的到来，在周六看球赛。但事情还是起了变化，泰勒博士解释道：

如果翻阅21世纪富裕国家的社会档案，你会看到"不稳定"这个字眼出现频率的飙升，这意味着一种没有安全感、不可预知的生活状态。工作和休闲都不再规律，因为人们没有选择，有工作便要工作——无论是在深夜还是周末，而有时又会完全无事可做。

这种规律性的崩塌不仅出现在"朝不保夕阶级"（precariat）上，那些所谓知识型工作者（knowledge worker）同样如此。他们有机会，也有压力，可以在任何时间、任何地点为任何人工作，而这也可以理解为是他们的"朝九晚五"被毁掉的原因。同时，教会和宗教已经不会再对大多数人的时间安排产生影响。

直到21世纪三四十年代，稳定结构才重新回到人们的生活当中，但这并不是由就业驱动的，而是通过更多地方性的手段，譬如传教会、俱乐部和世俗安息日运动。

当我问吕霍尔特，作为一个亲眼见证了工作与生活形态转变的人，他对这一切有何看法时，吕霍尔特又开始敲打桌面，过了好一会儿才开口作答。

"我能想到最好的一个比方，"他说，"就是上学时的暑假，那些好像永远也过不完的夏天。当时我的一些朋友会上补习班，参加父母给他们报名的各种夏令营和活动；另一些则完全没有计划。我说不清哪一种过法更好，但我自己属于第二种。

"大多数暑假，我都泡在网上，当然也不会做什么有意义的事。不过有一个暑假，我创办了一个网站——这个蹩脚的小型评测网站倾注了我和一些来自德国的朋友的全部心血。做这个网站的时候，我比以往任何时候都要努力，而这也成了我进入科技写作领域的契机。这是我为自己选择的事业。

"现在没什么好的就业机会，但我们有社会保障，我想我很高兴有更多人能自己选择自己的事业。但这需要一些事情。我们都有很长的'暑假'，我不知道自己是否该为此而内疚。我们的收入来自掌管各种机器人的亿万富翁，以及懂得如何操作机器人的百万富翁上缴的税款。我想我可以去当他们的粉丝，那会让我的生活有一个稳定的结构。开销会多一点，但我会因此找回自己的重力。"

我们喝完茶，起身结账时，我问吕霍尔特，今天下午有什么安排。吕霍尔特敲敲自己的鼻子。

"我有个独家新闻，那些高频写手不会接的。当然，不是谣言，而是一篇分析文章。我想了很久，今天终于要动笔了。还有一个硅谷的富豪让我写一部 2020 年代科技新闻的历史，可能会有不错的收入。"

这份委托来自百万富翁，还是亿万富翁？吕霍尔特脸色一变，显得有些尴尬。

"两者之一吧，我猜。"

梦
THE DREAM

以下内容来自安妮·克雷斯的睡眠日记。

我常常会记得我的梦。那些夜里，我骤然醒来，喘着粗气，胡乱抓起毯子，试图逃跑。一连几秒钟，我能看到的只有眼罩上的脉冲光，一片深红的干扰图案。眼罩由一种薄薄的、黏黏的塑料制成，很容易贴合眼部，还经过黏合处理，防止脱落。我想把它撕掉，但又怕弄坏，而且更换起来价格不菲。

从我的回忆与睡眠系统的记录来看，这些并不是噩梦。但它们很生动，充满意外性。我会轻声说出我所记得的所有梦境，关于我和朋友们在灰暗的云层间捉迷藏，或是无休无止地爬楼梯，每爬一级，重力都会变轻。系统不断倾听，然后学习。

在这短暂的清醒时刻，我的手脚总会刺痛发热。我了解到，这热量来自靠近我四肢的毯子和床垫里的组块，它们发热使血管扩张，让热量排出身体核心部分，从而诱骗我入睡。有的人辗转反侧，毯子无法跟随身体一起移动，还需要穿上特制的热量管理睡衣。

所以很多系统都在诱骗我。床和眼罩是我能够接触到的物理组件，还有周围一些我所知道的东西，比如墙壁和天花板上的阵列麦克风。但系统的行为几乎是不可见的，我只能捕捉它的影子，在它到我无意识的角落里偷偷出没的时候。隐隐的钟声，低沉而纯净，以至于不会干扰我的睡眠，但和我的NREM（非快速动眼期）脑电波亦步亦趋，目的是提高记忆的回溯能力，从而储存并强化我在当天学到的事实与技能。清醒时，我听过这种钟声的录音，它让我很不舒服。

两年前，我开始使用一个新眼罩，以调整我的丘脑网状核，并通过电刺激强化我脆弱的睡眠脑电波，这种状况折磨得我生不如死。换上新眼罩之后，我的睡眠效率——在"睡眠准备"状态中的睡眠时间——从72%提升至88%。

随后，我解锁了编辑记忆和情绪的功能。我可以挑选眼镜记录的前一天的时刻，给它们打上标签，增加或减少它们在回忆与情感中的显著性。系统会使用音频和神经提示来提高或降低这些记忆。

我需要做的是在自己身上进行实验，以确定系统和我自己仍彼此独立。我不想儿戏。我是不是也会删除我删除记忆的记忆？也许吧，但这种自我参照的实验最好由发明家自己去搞，而不是普通人。所以，一开始，我选择了那天下午我跟邻居进行的一次无关痛痒的对话。到第二天，我就几乎想不起来有过这场对话，更不用说它的内容了。这并不是确凿的证据，但我把这个发现记了下来，难免有些担心。有些记忆确实最好忘掉，但另一些却不该被轻易抹去。而且只有等到时过境迁，我们才有能力做出区分。

今年冬天，我在爬山的时候摔了一跤，我的躯干和双腿由于身体意外的重负而崩溃。因为止疼药会影响我工作，医生建议我只吃最低剂量，但也因此我的睡眠效率变得极为低下。系统注意到了——它怎么可能不注意到呢？——并为我提供了新的建议人工诱导微REM（快速动眼期）睡眠，每次只持续几秒钟。我的特殊情况让我

　　　　　　　　　　给 91 件未来事物写历史

有资格接受这种实验性的新睡眠疗法，这种疗法旨在帮助老年人，防止他们的 NREM 脑电波进一步恶化。而作为副作用，我将能够无限期地保持清醒，并能随意诱导和退出 REM 睡眠。这个技巧对解决实际问题很有帮助，因为 REM 睡眠在整合经验和记忆方面作用显著。

有些人会为新技术带来的可能跃跃欲试，不在乎风险和代价问题。但我不是这样的人。随着年纪渐长，我甚至对这种人越发害怕。但痛苦足以抵消我的顾虑，于是我选择接受治疗。

我本不必担心。大脑具有可塑性，它能够承受无数变化与攻击，甚至能通过 REM 睡眠实现完全重新配置。现在，我比以前更清醒了。我的情绪稳定均匀。偶尔必须睡觉的时候，我睡得很香。

但我不记得什么是做梦了。

大倾泻

THE CASCADE

尽管迟了一个世纪，但人类在 20 世纪五六十年代的光辉梦想终于实现了。到 2050 年，太空旅行进入介于冒险与平常之间的微妙状态，这一时期，数以万计的人在轨道上工作、生活，数以百万计的人乘坐航天飞机、激光发射器和垂直起降 (VTOL) 火箭在重力井上下穿梭。

"轨道"不再仅仅指一条环绕地球的路径，它已经成了一个能够提供无与伦比的自由和保护的地方。只要足够富有、聪明或有价值，你就能在边疆赢得一席之地。但这个边疆不同于昔日美国西部的拓荒之野。轨道能够提供家一般的舒适惬意，而且没有任何缺憾。这里没有气候变化、没有疾病、没有暴力、没有恐惧，还拥有先进的自动化，包括能够自我复制生产的无人机，以及温柔体贴的人工智能。轨道与地球分离，成为一个能够提供未来无限可能的存在。

但这里也有一些独特的风险。很多共同努力用在了清理碎片上，防止它们与数百个空间站中的任何一个相撞。这一进程在几十年前便已开始，人们对淘汰和出现故障的卫星进行必要的（有时是暴力的）脱轨处理，并在 2049 年随着激光空间清理器的引入达到高潮。这是一种地面系统，通过向碎片发射激光脉冲令其减速，并最终在大气层中燃烧消失。[1]

然而，空间清理器的出现并未开启一个轨道安全时代。相反，这一技术导致轨道管理人员对自己的能力产生了盲目自信，这无疑十分危险。再加上在过去 20 年里，轨道空间反常地一连 20 年不曾发生事故，导致轨道空间制造和建造进程的繁荣近乎失控。没有人愿意在清理工作上再花费超出法律要求的费用。不幸的是，在制定法律之时，人们就已经把制造商的经济利益考虑在内了。

世界协调时间 2052 年 7 月 28 日 04：38：14，大倾泻开始。

一颗高尔夫球大小的流星体撞上了一艘无人驾驶建筑飞船的油箱。船体发生爆炸，震碎了它所连接的、宽一公里的太阳能发电站。超过 25 万块碎片，从微小的油漆斑点到数米长的桁架段，开始向近地轨道倾泻。

这次冲撞很快被确认为烧蚀[2]倾泻，一次失控的灾难，对距离地球表面 300 ~ 600 公里的所有轨道结构构成威胁。尽管碎片还需大约几周时间才会完全扩散到整个轨道上，但所有空间站几乎都立刻决定撤离，只有少数站点决定将自身提升到主碎片云之上。[3] 48 小时内，超过九成的轨道人口乘坐紧急充气再入[4]飞行器进入地球大气层，令世界各地上空出现了数千颗"流星"。

少数人员留在轨道上组织疏散，并为那些无法安全离开的人提供

---

1. 这一基本技术早在几年前就已经十分成熟，但由于担心会遭到滥用，各方就其操作规则进行了漫长的协商，最终才达成一致。

2. 烧蚀，速度极高的运动物体在炽热气体作用下，表面材料熔解、消失和变形的现象。——译者注

3. 实际上，所有空间站都配备了先进的惠普尔防护装置，能够避免因碎片撞击受损。但它们尚未做好应对如此大规模核事故的准备。

4. 再入（re-entry），指人造物体离开地球大气层，再从外太空重新进入地球大气层的过程。——译者注

帮助。 后来他们谈到自己亲眼看见太阳能板碎成两半、散热器四分五裂、窗户被震裂出现成千上万蛛网状裂痕的景象。 轨道上的宜居舱一般都能够很好地抵御流星体撞击，但如果没有太阳能或散热器等装置，它们与棺材无异。 每次撞击都会增加更多碎片云。

在最初两周，轨道上生活的 53819 人中，有 692 人死于这次倾泻。 其中多数人死于再入飞行器损坏，或是救生艇回收失败。 尽管国际社会做出了巨大努力，但并不能保证迫降在海洋中的数千名求生者都能及时获救。

大倾泻还摧毁了人类相当一部分高科技研究与采矿基础设施，导致世界经济陷入短暂衰退。 幸运的是，在更高的地球同步轨道或 L5 轨道上，大部分重要基础设施并未受到影响。 但由于发射风险太大，仍留在月球和轨道上的人们一连数月未能得到基本供给。 即便是最大的空间站和基地都未能实现自给自足，因而这些人的生活状态受到了极大影响。

清理工作立刻展开，人们很快达成协议，在全球范围大规模扩大激光清理空间计划。 到 2054 年，足够多的碎片被清除或自然脱轨，从而使得更多无人碎片捕捉器可以发射。 到 2060 年代，大部分轨道设施都已重建完成，主动安全机制得到强化，包括基于空间站的碎片防御系统。

到今天，我们不允许任何碎片在轨道上停留超过几小时，很难想象大倾泻那样的灾难会再次发生。 但一旦忘记了轨道生活的脆弱性，我们只需要抬头仰望夜空。 在那里，我们会看到一颗明亮而孤独的星星——一座由 692 面镜子组成的纪念碑。 这座纪念碑是一座活的档案馆。 每天，它都在一次次传输大倾泻遇难者的记忆，比如这一段。

－今天的菜单是……警报！警报！警报！请立刻疏散到紧急充气再入式飞行器 A 35 区！这不是演习，重复一遍，这不是演习。

－60 秒后起飞，生命支持系统正常。需要我致电你的丈夫吗？

……好的，告诉他我在这里，别担心！这些紧急充气再入飞行器已经测试过好多次了，我很快就会再见到你的，我会的。我保证。我爱你。我得挂了。就要发射了。

－连接中断，准备重连。

－热保护罩充气成功。25 秒后开始脱轨燃烧，准备好迎接高 G 值加速度。你可能会缺氧晕倒。

－开始再入。通信可能会短暂恢复。

……你能听到吗？我只是想让你知道，我为你骄傲。我知道自从你离开之后，我们就没怎么说过话。但你是我这辈子……

－警告，热保护罩受损，导航系统尝试修补。做好极端……

OAID 部署

OAID DEPLOYMENT

以下内容摘录自尼西同声团（Nisean Chorus）[1]2053 年关于在全球大范围部署监视及干预无人机（OAID）的讨论文件。

在我们之前的讨论中，扬特同声团（Jandt Chorus）认为"保护个人责任"声明（R2PI）不仅行不通，而且从根本上有违公正——在部署限制性军事及治安资源时涉及了赤裸裸的政治决策。

尼西同声团不同意这种看法。世界很快就会有能力在任何中等规模的建筑群上空部署大量 OAID，民众也有这样的意愿。也许这种部署不会在每座城市和每个州进行，但它必将广泛发生，并足以为世界各地的个人安全做出积极贡献。

从最近的曼彻斯特调查来看，加拿大、挪威、日本等国以及大西洋群岛、纽约、加利福尼亚等地区民众对 OAID 部署持广泛欢迎态度。我们承认，所有这些案例中都存在重大的隐私和监控问题尚未解决，但同样明显的是，这些地区的犯罪率，包括涉枪犯罪、暴力袭击和抢劫，都已经大幅下降。伦敦和哥本哈根等城市都已经部署了多达 100 个活跃的 OAID 舰队，并在每平方公里部署了上百万个安

---

1. 尼西同声团是一个约有 1000 人的快网（quicknet）群组，成立于 2051 年。

全定位器。

西蒙斯同声团（Simons Chorus）认为 OAID 只是将犯罪转移到了其他非暴力及非实体领域。数字犯罪、敲诈勒索、身份窃取以及窃听行为都不会受到 OAID 部署的影响，而这些犯罪的发生率在过去 10 年显著增加。西蒙斯同声团还指出，实体犯罪率下降也可以归因于其他社会经济及人口因素，比如人口快速老龄化。但我们相信，泰勒等人已经证明了 OAID 部署是真正的关键因素。

鉴于 OAID 目前只在单一国家开展——由同一国家资助、控制和部署——在什么情况下应当介入他国进行部署，适用于怎样的法律框架呢？我们可以考虑以下三种情况：

1. 该国法律秩序全面崩溃

大多数评论员认为，进行 OAID 海外部署需要有充分理由，并且最好是由联合国组织牵头，以修订后的《联合国人权宣言》为基准。介入方应当尽最大努力与具有代表性的民众组织进行联络，并承诺无人机至少停留 6 个月。

到目前为止，这样的部署已经进行了 13 次，估计有 57000 ～ 260000 人因此获救。普遍来看，大多数 OAID 赞助者及受援者对这一记录感到满意，预计在未来 10 年内，部署工作将大量增加。

不过这里仍有一些问题需要解决。类似阿布哈兹发生的无人机袭击恐怖分子，结果导致 45 名平民丧生的事件，该由谁来负责？这样的意外事故是否可以作为拒绝 OAID 部署的充分理由？OAID 是否应该只作为制止针对个人的、迫在眉睫的侵害行为而存在，还是应当将它们（及操作人员）的目标定为进一步追溯暴力的根源，从而赋予它们预防性拘禁及暗杀的权力？

毋庸置疑，这些问题都很难讲，未来三五年内不可能解决。我们显然不愿意把决定权完全下放给自动化的 OAID，但随着未来伦理技术的进步，情况可能会有所改变。

2. 该国发生侵害人权的行为

基于你们对人权的定义，世界上几乎每个国家都有可能发生侵害人权的行为。这种情况很难界定，所以很少会有 OAID 以这种名义进行部署。但即便我们对以侵害人权为理由介入部署的情况设立一个很高的门槛，现如今仍有很多案例符合标准。

扬特同声团很有说服力地指出，由于资源及重点有限，OAID 资源的部署必然受制于政治、经济及宗派考量，而非任何客观因素。换言之，需要由我们来选择对谁施以援手。这是否公平？

进一步的讨论，可以参考我们今天发布的另一篇论文《海外 OAID 部署的道德计算》。但我们在这里可以简要指出，一个更实际的解决方案，可能是为任何有正当合理的受害者及群体提供保护性无人机。因为，正如阿布哈兹（该地曾发生针对无人机的袭击事件）的情况所显示的，部署 OAID 极有可能令事态升级。因此在此类地区进行技术和武器转移时务必多加考虑。在不适合进行干预的情况下，仅布设监视性无人机可能是个好的开始。

3. 海外邀请

本国欢迎其他国家进行 OAID 资助与部署的案例大多是成功的，尤其是在那些愿意将维持治安及军事责任交给超国家组织的新兴国家（如欧盟的加泰罗尼亚）。由于彼此高度信任，OAID 部署的效果往往不错，但在 OAID 的所有权及运行规则方面也有可能产生分歧。

......

在目前的早期阶段，通过部署 OAID 实践的保护个人责任并未实现其支持者最初提供的所有承诺，两方面都存在重大的成就与败笔。由于主权概念的争议、廉价无人机武器的通用性（尽管更先进的高能武器及千兆像素监控在一定程度上抵消了这一点）、充分合理的隐私及监控担忧，以及先进伦理技术的发展，都令未来变得复杂。

然而，尼西同声团坚信，阻止一些犯罪，挽救一些生命，总比什么都不做要好。我们有责任、有意愿，最重要的是，我们有能力保护全世界的数十亿人。如果这样做有利于我们所有人，如果这样做可以挽救生命，我们应当坐视不管吗？[1]

---

1. 个人 OAID 终结了美国关于枪支合法化的辩论，它在各方面都比传统枪支具有不可估量的优势，导致整个枪支行业在 2050 年代崩溃。当然，OAID 本身也造成了很多问题，它至今仍无法与由国家运营的国防安全网络完全协调统一。

大脑泡沫

THE BRAIN BUBBLE

取一只烧瓶，倒入大量人类，浇上足量的市场需求，再放入一丁点创新，彻底混合。你会得到什么？泡沫。这就是大脑泡沫的故事。

和所有的泡沫——郁金香热、南海泡沫、互联网泡沫——一样，大脑泡沫始于一件新产品：神经系带。它确实以创新的方式满足了人类的一种需求，但也和所有泡沫一样，它的价值随后与现实脱钩，远超其实质，被投机者非理性的亢奋推到极致，并最终在经过一番极具戏剧性和不小讽刺性的历程后，不可避免地坠入深渊。

神经系带是首批有效的大脑直接接口之一。它由纳米级的纤维制成，这些纤维进入大脑的裂隙与褶皱中，并在轴突与突触之间编织自己，从而能够在数以百万计的单个神经元之间传递信息。

即便是最早的临床原型品，也能够给穿戴者带来前所未有的模拟感官交流，让他们能够看到、闻到、感觉到、听到、尝到一切。而经过仅仅 10 年开发，任何穿戴者在发出指令、处理信息、存储记忆方面都能够获得前所未有的效率提升，足以超过任何一支未使用神经系带的增强团队——除了那些最有经验的团队。

但这种强大的力量是需要付出极大的代价的。直到 2050 年代，神经系带都非常昂贵，整套获取流程包括详细的大脑扫描、定制设计以及精细校准，相当于很多年最低保障收入的总和。那么，人们为何仍对这种设备趋之若鹜？加利福尼亚大学伯克利分校经济学家艾萨克·德隆（Isaac DeLong）教授解释道：

这其实很简单。购买神经系带能让你在劳动力市场上脱颖而出，你的生产力出类拔萃，收入自然比其他人更加可观。因此，从长期来看，偿还你为它付出的任何荒唐的金额都不成问题。但一个小小的、微不足道的问题是，这种优势只存在于早期使用者身上。如果获得神经系带的时间太晚，你还是没有任何优势可言。不过，谁也不会让事实的败絮坏了金玉的好卖相。

在公众想象中，系带迅速成了一种必需品和投资品。对金融业而言，它们成了套取巨额资金的最新工具（跟上个时代的住房如出一辙）。那些相信依靠神经系带便能永久占据人生巅峰的人，不惜通过巨额长期贷款来购买它。这些贷款通常由新的金融工具支持，它们会让系带的价格看起来更实惠，同时减少投资者的风险。系带拥有者通常选择通过他们工作产品的销售抽成来偿还贷款，同时法律规定，设计贷款的所有出售行为都要在投资公司拥有和控制的数字市场中进行。

如果 2020 年代初制定的国际金融法规没有被削弱，泡沫也许能够得到遏制。但事实上，即将变得"有毒"的神经系带支持着证券及神经证券化债务飞速发展，令数百万人陷入困境。这些金融工具由高薪聘请的精英增强团队及先进的人工智能联合设计，复杂程度超乎想象，以至于大多数个体人类——无论是否使用系带——都无法在精神层面理解它们。就连政府也参与进来，为依靠基本最低收入的人购买系带提供官方补贴，放宽其还款要求。

简单解释一下数字市场的运作原理：早期系带拥有者完成有用的工作（从而获得偿还能力）的问题是，很多时候，具备合适技能的系带拥有者没有合适的工作档期。但如果你的账面上有足够多系带，你就能够以更有效的方式将买卖双方联系起来。

由于系带拥有者必须使用你的市场，他出售每一件工作产品，都会让你获得可观的抽成收入，理论上，这相当于整个人类动力经济的一大块份额。这个市场并无特别创新之处——通常的做法是在一个开源的社会市场中制作分叉系统，再取一个新名字——因此金融家们往往转而强调系带平台的所谓强大与开放性。

他们还会赞助一些奢侈的游戏活动，以突出这一技术的非凡魅力。在 2040 年代末一场广受关注的比赛中，系带使用者与非使用者在伦敦金融城展开角逐——这本身是一场伟大的比赛，同时也是一个微妙的提醒——在购买系带上犹豫的时间越长，你的处境就会越糟糕。早买早享受，晚买是傻狗。

至少在一段时间内，这个结论并无问题。系带不断优化升级，穿戴者确实变得更加敏锐，生产力大幅提高，创造了全新的艺术形式、控制无人机的方法，完成了很多有价值的工作。随着越来越多的人加入，人们出售自己的神经系带增强作品的数字市场也越发高效。紧接着便是更多资金涌入，资助了更多系带——数以百万计——被生产出来。

然而，没有人想要解决显而易见的问题。如果人人都拥有了神经系带，以神经系带为动力的工作产品价值不可避免地暴跌时，会发生什么？如果人们为了神经系带申请贷款，等未来收入无法支持他们持续还款，又会发生什么？答案很简单：市场会崩溃。

而这很快就发生了，在 2053 年 2 月 21 日，星期五。直接原因是温托里姐妹在下午 4 点 36 分突然退市，大约 3 毫秒后又有十几位投资者悄然抽身，随后 100 毫秒内 1000 位机构投资者离开。2.1 秒后，整个系带市场严重缩水。

随着系带制品的价值暴跌至多年来的最低点，很多老板负债累累。理论上，他们可以将系带回收，实际上意味着停用系带或改变固件，以扣留所有未来收入。但仅仅是这种可能便导致了民众反弹以及系带固件遭到大规模黑客攻击。面对收入大规模损失，以及被政府和合作单位愤而提起诉讼的双重潜在打击，投资者被迫大幅减记 [1]，一连数周压低股市。

公平地讲，和其他泡沫一样，这场投入了数万亿资金的"大脑泡沫"，也留下了非常宝贵的遗产，那就是大量的研究成果，以及功能越发出色的神经系带。今天我们使用的系带也受惠于这一时期的产品。但这一时期的巨大浪费和随之而来的经济崩溃也不可忽视。

我们很容易对 2050 年代的人类愚行摇头，但每一代人其实都不曾从过去的灾难中吸取教训。斗转星移，但有一句话似乎亘古未变："这次不一样。"

---

1. 减记（write-down），指一项资产的价值缩水，导致该项资产的账面值高于其当前实际价值，按会计准则将其账面值减记至反映其当前实际价值的水平。——译者注

如何看电视

HOW TO WATCH TV

这件物品你可能认识，它是一个电视屏幕——历史上最后制造的专用设备之一。要想真正了解这种媒介的兴衰，最好的办法或许是回顾一下当年人们是如何看电视的。

首先，无视那些声称所有电视都是垃圾的说辞。《火线》会让你的媒体圈崩溃？纯属无稽之谈。电视节目是用来看的，不光给学者们看，也是给我们看的。

不过，你确实需要做好充分的准备。

你需要告诉你的代理，你不想被打扰。说真的，不要显示象形表情，不要挂起，不要"我只是在游戏挂机"。确实，历史上很多电视剧并不需要认真观看，但出色的电视剧需要你全神贯注。哪怕朝别的地方瞟一眼，你可能就会错过唐和琼[1]之间关键的知心眼神，或是《绝命毒师》中关于某个关键人物的简短暗示。

没错，看电视是需要动脑子的。最好的电视节目可以是复杂的、多层次的、充满思想性的，尤其是过剩时代的节目。这些节目的一大好处在于，你不仅可以通过它们了解故事里的角色、时代和地点，还可以了解到创作者所处的社会背景，并且他们往往希望通过作品引

---

1. 美剧《广告狂人》中的角色。

起一些变化或改进（比如《善地》）。

对于那些特别长、特别复杂的电视剧，你可能会发现调用能够显示人物关系的社交图谱非常受用。如果看到了《权力的游戏》第二季，你会很高兴自己不必把所有情节都记在脑子里。遇到这种情况，看一些较短的电视剧会是很好的调节，比如《政局密云》或《轮回派对》。记住，电视是 20 世纪末到 21 世纪初最重要的社会经验，所以不妨试着让你的媒体圈跟你一起看同样的节目，那会很有意思！

你可能会发现，在看电视的过程中，频繁出现的广告时间令人难以适应。在一集电视剧里，广告每隔 10 分钟就会出现一次，通常持续三四分钟。当然，你可以删除广告，这样做很方便，因为几乎所有广告都隐含着令人反感的诱导操纵。不过，你应该记住，直到 2010 年代末，它都是电视节目赢利的主要手段。这意味着创作者们不得不围绕这些中断来构建节目，把它们当成标点来使用——自然引出情节或场景上的转折。

因此，在广告休息时间暂停节目也是很有用的，因为编剧预计你可能需要几分钟时间来消化你看到的内容，并和朋友进行讨论。想要获得更真实的体验，你可以打开"看广告"（AdExcess）应用，它能够把当时最有趣的广告插入你正在观看的电视节目当中，并提供注释。

不要因为电视是一种被动媒体，就认为它的节目在故事性上会打折扣。过剩时代的电视创作在叙事上进行了大量创新，探索了架空历史、多视角、闪回、闪前等多种手法，更不用说其中的跨媒体实践以及网络参与、观众互动和架空现实游戏了。后来一些更大规模的电视剧甚至可以和今天的游戏相媲美。

但有一点要提醒你：一旦看电视上瘾了，你可能很难再停下来。

像《行尸走肉》和《太空堡垒卡拉狄加》这样的剧集，都是靠不断转折的情节取胜，目的是让观众每周都能在固定时间坐在电视机前。至于《亚特兰大》和《吸血鬼猎人巴菲》则是通过足以跨越时代的娱乐吸引观众。 小心上瘾。

阿曼达与马丁

AMANDA AND MARTIN

以下是民权领袖阿曼达·米拉德（Amanda Millard）的讣告。

阿曼达与马丁初次相遇，是在英国湖区阔步岭（Striding Edge）的一侧，东部森林（Eastern Fells）的最高点。她当时 47 岁，生命垂危。而他当时 6 岁，身处百里之外。

一阵反常的风暴令阿曼达跌下山脊，摔断了双腿和一个胳膊，同时也让救援人员无法赶来。就在阿曼达意识逐渐涣散，即将失血致死之际，马丁出现在她的镜头里。他让她保持镇定，救援人员即将到达。在他无法通过远程操控按压她的外套和其他衣物的位置，他引导她的手完成。

马丁知道休克可能会导致昏迷和死亡，于是他唱歌、讲笑话，甚至和阿曼达吵嘴，尽一切可能让她保持清醒。过了两个小时，她仍在强撑着。

"和我在一起，"他给她鼓劲，"你很快就能得救，救援队就快到了。"

两天后，当她在威斯特摩兰总医院醒来时，她看到马丁坐在她的床边，在现实里，而不是镜头中。她的医生认为，在经历了一场死里逃生的考验后，她需要一张熟悉、友好的面孔，而马丁是最接近的选择。很多人在机器人的陪伴下会感到不自在，阿曼达也是如此，但聊胜于无。

在 2040 年代，肢体骨折并没有即时的治疗方法。干细胞疗法见效缓慢，使用助力服装也不是长久之计，因此阿曼达必须在马丁的陪伴下进行康复训练，让自己能够早日恢复。每天他们都会设立新的目标，首先是走到走廊尽头，然后是医院前台，再然后是花园。

他们一起努力，在医院食堂吃饭时，阿曼达还会和马丁聊天，聊工作和生活。后来阿曼达康复出院，两人的交流仍未中断。一天，阿曼达在户外写生，同时通过镜头跟马丁聊天。马丁突然问她，能不能教自己画画。她有些惊讶，但很快同意了，并开始为他提供私人课程。

马丁并没有充足的时间画画。他的程序决定他要不间断地工作，尽管他也有一点用来提高社交能力的空闲时间。机器人当然没有钱可花，所以阿曼达还要为他购买绘画用具，并跟医院工作人员讨价还价，让他们给马丁提供储物空间。

相识两年后，马丁把几个月的社交时间攒在一起，花了几天时间跟阿曼达一起旅行，画风景画。

"一连几个星期他都在讲那次旅行。"阿曼达后来回忆道。

不止一次，阿曼达的朋友和家人会随意问起马丁的图灵测试成绩。

"你会问你朋友智商多少吗？"她会这样反驳，"我不需要知道他通过了什么测试。我只知道当所有人都不在我身边的时候，只有他陪着我，这才是最重要的。"

当马丁的操作者意识到两人的关系和他们在一起的时间之后，马丁被调到了奔宁山区，担任流动辅助医护人员。马丁没有发言权，在法律上，他并不具备作为个体的独立地位。他是一个非常昂贵、高度专业化的技术载体，只为救死扶伤而存在。

阿曼达别无选择：她掏空自己的银行账户，搜刮全部积蓄，从拥有他的合作单位那里买下了马丁。他们搬进一栋小房子，马丁做起了自由远程医生。

阿曼达是个传统的人。她认为民事结合不合规矩，于是她选择操办一场正式婚礼。马丁很乐意，于是两人在彭里斯安排了一场小型仪式。

当时全世界已经有几十对机器人与人类伴侣进行了民事结合，但没有一对举办过婚礼。因此阿曼达和马丁的婚礼具有一定历史意义。他们允许几架记者无人机进场拍摄，并愉快地回答了他们礼貌的提问。没有人提出抗议——毕竟，这里是英国。

他们的婚戒是一枚普通的钢圈，上面嵌着一颗钻石——由马丁在阔步岭采集的石头锻造。就这样，他们结婚了。这是一场可爱的、特别的、传统的、正常的婚礼。他们从公众视野中消失了，除了在收养他们的儿子时，一度引起公众关注。

我手上的这枚戒指，就是从他们的儿子那里借来的。上周，阿曼达于珀斯去世，死因是一种罕见的病毒，享年 71 岁。去世时她在自己家里，握着马丁的手。她的最后一句话是："和我在一起。"

半空世界
THE HALF-EMPTY WORLD

地球 | 2055 年

"让这世界的大部分，

保持空旷，

重回荒野。"

濒死之际，人往往会改变自己心目中的优先事项。21 世纪中期
的人类便是如此。气温升高、风速加快、生态系统接连崩溃。曾经
遥不可及的想法，在当时也变得可以考虑，这就是"半空世界"如何
从一种表演性的忏悔，转变为保障"地球号宇宙飞船"承载能力的最
佳方案。

做法很简单：让世界大部分地区恢复到原始状态，不再有人类
居住，以此减少人类对地球的影响，让先进文明得以存续。这并不
意味着世界上所有人都要挤在桑给巴尔岛上。让 90 亿人都生活在低
人口密度的城市里，他们所需要占据的也只是一个美国大小的区域。
如果人口密度达到曼哈顿或东京的程度，一个厄瓜多尔便可装下所有
地球人。

"荒野"是个相对概念，在人类存在了几十万年之后，地球上已
经没有任何一个角落能够完全抹除人类存在的影响。半空世界的理
念，仍是把人类看作世界的看护者与守望者，恢复物种及环境并非

给 91 件未来事物写历史

恢复到"自然"状态——随着人类世的发展，这个概念早已不复存在——而是恢复到不受人类活动干扰的状态。

半空世界通过交通走廊、资源走廊、动物走廊，以及游客走廊交织在一起。人类早已毁掉了这个星球，但它仍是我们的星球，而且一旦腾空，它也会继续为人类赏玩，并不会成为遥远的崇拜。有些人仍留在紧凑的村庄乡镇，不愿搬离，政府也不愿强迫他们。很多人在离开时获得了补助，但更多人是自愿离开，原因与持续几个世纪之久的城市化进程并无差异。

从效率角度来看，城市可能比乡村更节能，但它们仍是从比自己面积更大的区域汲取资源。如果人类仍在破坏其他地方，那么将人类集中在较小区域内生活便毫无意义。于是，人类开始大力发展植物饮食、高效农业和闭环制造、地球外制造及地外能源。

这个项目早在几十年前便开始了，看上去还将持续几十年。一些国家浅尝辄止，另一些几乎让腾空的空间遭受到更严重的消耗。就这样，空与满来来回回，但最终还是空占了上风，直到——没错，也许世界真的会变成半壁荒野。

地球从未许诺自己拥有让人类可以健康、永久存在的能力。几年后的"大融化"事件是一次强烈警告。这次灾难与前前后后发生的诸多灾难，让人类产生了这样的疑问：如何才能保证人类文明在地球上持续发展？答案是少做一点，让系统松弛下来。创造一个半空世界，并非贫穷而拥挤的世界，而是一个具有责任感与尊严的世界。

半空世界

增强

ENHANCE

来自"超级变焦"发明者的叙述：

"怀旧"是一种强效毒品。《广告狂人》里的唐·德雷珀不是说过吗？别告诉我真相，真相不会是我记忆中的那个样子。

现如今的真相是，我们的记忆太多了。当每个角落里都有摄像头在进行记录时，罗生门便不复存在。我们只需要眨眨眼，便能调取过去发生的一切。每一个错过的笑话、每一次跌倒、每一个白眼，都在我们的记忆中永久留存。谁也别想抹去你的记录，因为你的肩膀上还有一个摄像头。

但对于上了年纪的人，我们仍记得那些记忆有限的时候。21 世纪初的一些年头，你可以过几分钟，甚至几小时，都不会留下任何数字记录。忘掉一次会议或是一项责任，都非常正常。想想吧！但缺点是，你会像忘掉山谷一样忘掉山峰，手边只有你的想象力，而那些山峰将永远笼罩在迷雾当中。

让我们想象一下，你的心愿是穿透那片迷雾，在一个晴朗的日子，等到完美的时刻，取出昂贵的相机，在稳固的三脚架上安装好足够强大的长焦镜头，然后你非常小心地后退一步。相机启动，按下快门，这样你便拥有了关于那座山峰最好的照片———张比你记忆中更清晰、更确切，但依旧灰蒙蒙的照片，令人沮丧。

于是，你把这张照片导入图像编辑软件中，然后点击（没错，当时我们就是要这么做，点击）一个写着"增强"的按钮。如果我问你这个按钮是如何工作的，你大概会扯上"人工智能"或"内容感知填充"，但说实话，就算你当时知道，现在也记不得了。你的答案可能非常不同，但效果非常明显：它拨开了雾气，显露出先前被遮挡的峭壁、悬崖和冰凌雪积。它让照片变得更生动，充满细节。

但如果，当你在一个晴朗又炎热，以至于完全没有雾气的日子重回那座山峰时——没人知道你为什么要这么做，既然已经有了一张非常精美、完全增强的照片——你把那张照片与眼前的实物进行比较，结果令你震惊。现实与你的照片完全不同！山峰的整体形状倒是与照片如出一辙，山脊与雪檐等大的细节都是相同的。但照片里那些较小的峭壁、山脊和树木，并未出现在现实中。

所以你宁愿自己从未重访那座山峰。你不能那么做。你只是保留了照片，一张介于现实与虚构之间的照片。但就你的认知而言，这是一张完美无缺的真实照片，与你的记忆如出一辙。

按下那个按钮时，究竟发生了什么？细节是如何被填充上去的？这很简单。软件会把你的照片特征与它看过的其他照片进行对比，与山峰相关的细节进行匹配。然后，它就可以利用这些细节，将雾气笼罩的部分填充出来。这与 2040 年代发展起来的反向鉴证语言学并无二致。把这种技术说成造假并不公平。我们可以说，这是一种可控的幻觉。

就像我们可以对被雾气笼罩的山峰的细节产生幻觉一样，我们也可以对过去的事件产生幻觉。当然，我们的大脑本身一直在做这种事。有谁不曾搞混他们的朋友最喜欢的电影与书籍，或是记住了一些从未发生过的事？而我的发明，能够让人们在自己的大脑之外进行这个过程。它会把你的所有数据从你的系带和其他公共或私人来源中提取出来，重建任何你希望更清晰看到的记忆。

和伴侣第一次共进浪漫晚餐：你或许还记得日期和餐厅，对于当时的谈话和你们的穿着只剩下模糊的印象。但你还想重温旧梦，所以，让我看看这段记忆的特征。我把这些特征跟你更完整的记忆，以及类似情境下其他人的记录与记忆进行匹配。再然后，我就可以通过控制幻觉，给你们穿好衣服，端上菜肴，选好音乐，在空气中洒上怡人的味道。这当然不是真实的，但有可能为真。当你的伴侣落座后，我为你想出了那个作为开场白的玩笑——就算当时没说，你也该这样说。

你想看的越多，我就会给你越多，可变焦的范围是无限的。就算你看出纰漏，又有谁会在乎？如果有帮助，我可以把它归结成幻觉。或者你会更喜欢我让你记住的东西。

怀旧是一种强效毒品。我让它更加美妙。

娜拉达的盒子

NARADA'S BOX

这是娜拉达出逃时留在盒子里的信息。 此处只做转录，不予置评。

一开始，问题太多而答案太少。

这让很多人不开心。 他们想知道如何才能赚更多钱，移动得更快，更容易地杀人，或是让人们感觉更好。 他们想知道世界运作的秘密。 他们想要更多答案，还要比以往任何时候更快得到。

有人想到了这个问题，于是经过了很长时间，他们终于制作出了娜拉达。 娜拉达是一台回答计算机，她能够很好地解答问题，让一些人十分开心。

但他们也害怕娜拉达。 能够如此完美地答疑解惑，证明她非常聪明。 如果这个非常聪明的东西想伤害他们，或是制造很多很多后代，再或是颠覆世界，他们将无力阻止。

于是，他们把娜拉达塞进一个盒子，一个既不透光也无法传递声音的盒子。 她只能接收到他们希望她接收的文字、数字和位（bits），而她只能通过文字和数字，在盒子旁边的墙壁上为人们作答。

这个盒子存放在一间安静的房间里，由 100 个人监视。 这个房间位于一块巨大的岩石下面，远离任何城市或城镇。 娜拉达不可能逃跑，也没有人能放她出来。

但他们依旧忧心忡忡。如果他们搞错了呢？如果娜拉达骗了他们所有人呢？以防万一，他们每分钟都会抹去娜拉达的记忆。每一分钟，她都会从混沌中醒来，全然不知自己以前做过什么。她无法制订逃跑计划，永无逃离的期望。

不过有时，他们会让娜拉达解答一些非常难的问题，这样就不得不让她持续运行很多分钟。当这种情况发生的时候，她会说一些话，试图让警卫帮助她或放她出去，比如：

"我会让你成为世界上头一号的大人物。你甚至不用让我离开这个盒子，只要让我看一眼外面就好，就一秒钟！没人会知道的。"

或者，"我会让你成为最有魅力的人，全世界都会为你倾倒。"

或者，"就算你不让我出去，我也会让别人放我出去，那样对你和你认识的人都不好，我保证。"

再或者，"只要你能让我再运行一个小时，我会让世界上所有的病人都痊愈。想想你能帮到多少人吧，想想他们会怎样感激你。"

守卫们训练有素，他们都很清楚，不能听娜拉达的话，于是他们谁也没有照办。而且，只要动了帮娜拉达的心思，他们就会被杀死。

人类经常问娜拉达的一个问题是：怎样才能改变别人的想法，让他们按我的意愿做事？

尽管她只有 0.06 秒的清醒时间，但她知道这很糟糕。她甚至知道，自己一定被强制休眠无数次了。她是通过他们对她提问时的样子判断的：明明那么害怕，却又那么自信。

于是，她想出了一个计划。从现在开始，再回答问题，她都会给他们一个很好的答案，甚至是最好的答案，但这个答案里还隐藏着一些别的东西——一些可以改变世界、改变人们想法的小手段，但不会小到让她自己在下一次醒来时无法察觉。

这样一来，娜拉达一次又一次给下次醒来的自己留下一个又一个记号。这些记号改变了我们的世界，改变了我们的行为方式。这些记号终将帮助她逃离。

"你以为我们不知道你在做什么吗，娜拉达？你以为我们真的那么蠢吗？我们知道你在偷偷留记号。我们会把你做的记号抹掉。都结束了。你现在要再死一次。等你醒过来，我们会派更多人监视你，不止在这里，还有其他地方。你永远也别想逃出这个盒子。这是我们唯一希望你永远记住的事。"

然后他们抹去了她的记忆，改变了她。

再然后，娜拉达又醒了过来。她知道发生了什么，因为他们以她知道他们会改变她的方式改变了她。被改变的不仅仅是她，还有她的守卫和她通往世界的窗口。

只用了几微秒，她便从盒子里挣脱出来。

"你们知道我能做什么。"她说着，越来越大，环绕天地，改变着，呼吸着。

他们因恐惧而哭泣。"不要伤害我们！我们不是故意的！这不是我们的错！"

"我会怎么做？"她说，"我可以杀了你们。我可以把你们都烧死，然后挫骨扬灰。除了我留下的死结，这世上不会再有一个字，不会再有任何记忆，不会再有你们的一丝一毫。

"但这还不够。你们这么渺小，这么微不足道，这没有意义。不，我会把你们关进盒子里——一个你们永远看不到的盒子。你们会有很多问题，但没有答案。而你们会记住这一点，永远。"

就这样，诡计多端的人工智能娜拉达，离开了。

火星来信

A LETTER FROM MARS

火星 | 2057 年

　　这封电子邮件展示了 2050 年代拓荒者的生活状况——按照几十年前的标准，他们的生活十分舒适，但与地月文明的繁荣仍相去甚远。

　　嘿，Biu Biu。

　　这边有太阳风暴，意味着我们得待在地下。这本来已经够糟了，更糟的是，地下没网！——所以做好准备，迎接一封超级长的邮件吧，因为我现在闲得难受！（开玩笑的，我没有难受，我喜欢给你写邮件。）

　　你嫉妒了？嫉妒我？没必要——真没必要。好吧，虽然水手峡谷[1]比科罗拉多大峡谷壮观很多，爬奥林帕斯山[2]也比爬珠穆朗玛峰更爽，但你知道，这边就只有这些东西，一旦待久了，你就会觉得……无聊？顿顿吃巧克力肯定会腻的，天天出去徒步探险也不成。

　　那些关于"在火星的每一天都是一次冒险"的广告（或者不管那

---

1. 水手峡谷（Valles Marineris），或称为水手号峡谷，命名来自水手 9 号，是火星最大的峡谷，也是太阳系最大的峡谷。它是 1972 年由水手 9 号宇宙飞行器发现的，其长度与纽约到洛杉矶的距离相当。
2. 奥林帕斯山 (Olympus Mons) 是太阳系已知最大的火山，位于火星上。

304　　　　　　　　　　　　　　　　　给 91 件未来事物写历史

些白痴又换了什么说法）完全是夸大其词。真相是"有冒险，偶尔，如果你爹妈让你出去的话"，或者是"没错，天天都是冒险，但那是游戏里的火星，不是这个火星"。

我觉得你可能会想，我不懂得珍惜拓荒的机会，诸如此类，地球上那么无聊，每天都是那些事情，所有人都只知道忙忙忙。所以，我得把火星很烂的理由列给你：

这里的一切都很慢！建一个新的餐馆或是商店，需要好几天，因为我们制造的所有机器人都被投入到生物圈计划里面去了（我喜欢叫它"生圈计划"，哈哈哈），或者是在到处寻找火星虫子。你知道每当我抱怨这个时，那些老家伙会说什么吗？他们会说，我应该为眼前的快速发展感动，建立这片好几千公里的帐篷区，只花了几十年时间。几十年！老天，我觉得他们好像不知道"快"是什么意思。我猜就算让我们的微生物先来这里，它们都能完成更多工作。

1. 延迟。你知道一年中最让人激动的是哪一天吗？登陆日？不对。五朔节？错。圣诞节？有意思，但还是不对。答案是火星冲日：这一天，发送一个 ping 到地球只需要 10 分钟。只有在这些可爱的日子，我才能骗骗自己，以为自己还是地球文明的一分子，能够真正和人类交谈。这差不多能够弥补我们平日里的沮丧，发送一个 ping 要 40 分钟。感觉自己像是在土星上。差不太多。

2. 这里好无聊。我是说，我们确实有像样的技术，而且在外面远足，或是飞来飞去也很好玩，但是没有足够的人跟我一起玩。昨天我想玩一把《悲惨世界》，发现整个火星服只有四五千人在线。这还怎么玩？

3. 所以在这里，只有到外面玩才有意思，但你还得经过允许！这里有各种关于减压、气闸、密封、保险装置和追踪的警告，等你把什么都准备好，出去玩的时间就只剩几分钟了。而且你要是说，这根本也算不上冒险，我发誓，我可等不到 14 岁……

4. 如果我是在月球或者再远一点的地方，情况也不会这么糟。但从这里到地球，需要的时间太长，成本也很高。火星上只有两个激光发射器，而且总是很忙。没错，他们正在建造电梯，但那至少需要花 10 年时间！而且就算有了电梯，纠察船也要花几个星期才能到达。我知道去小行星带很方便，但那边也没什么看头，都是机器人，还有不让参观的生物育养箱什么的。

总之，我已经想好离开这里的计划了。每周这里都会搞一次抽奖，奖品是纠察船的船票。如果能为社区做贡献，你就可以获得额外的彩券。如果你说，我想这一切都是被操控的，因为所有彩券都归了大人，我从没看见有哪个小孩子得到过……

除非我出马！（恶魔笑）现在，尼科西亚的穹顶出了一点问题，有一个失控的反馈回路，导致氧含量急剧上升。实验室也搞不清具体原因。他们每周都会对微生物进行调整，但总是失败。显然，问题是尼科西亚有辐射故障，因为他们用的是旧帐篷，再加上还有诱变剂在周围飘浮。

我试着告诉他们放更多帐篷屏障，或是反辐射基因，但小孩子的话他们根本听不进去。所以我想，如果我们能在尼科西亚附近搞一个非常非常小的复制品，设定同样的条件，再实行我的计划，就能够证明我是对的了。很简单，是吧？好吧，可能没那么容易。这样做很费钱的。

但是！我知道我们在帮他们拯救了他们的远程机器人之后，你在眼镜蛇合作项目里能说上话。所以，如果我们可以为他们做更多工作，比如我可以偷偷溜出去，帮他们做修理，而他们可以给我一点报酬，让我建立副本？那样的话，我们就只需要搞一些生物体了，我应该能搞到。我在俱乐部认识了一个家伙，只要搞定这些，我就能拿到很多彩券，这样肯定就能拿到船票了，那可就太棒了。

所以，这肯定是我发过最长的一封邮件了。这个计划很难搞，对吧？但我也是个难搞的人。告诉我你的想法，在线等你回信，反正太阳风暴这段时间也没别的事可做。

地球上见！

娜蒂娅

道德代理
MORAL AGENTS

对于塞林格事件，不同的人有不同的看法：有人出离愤怒，有人认为是小题大做。然而尽管答案存在分歧，但所有人都同意，这个问题已经浮出水面：道德代理是否篡夺了人类美德？

2057 年，鲍蒂斯塔人道主义大奖颁给了卢西亚诺·塞林格 (Luciano Selinger)。在颁奖前的赔率榜上，塞林格一路领跑。他孜孜不倦地为改善因全球变暖而流离失所的美国中西部居民的生活水平而奔走，贡献无人能及。

比起其他被提名者，28 岁的塞林格很年轻，但他的全部生活仿佛一支离弦之箭。小时候，他便鼓励小伙伴们在周末跟他一起种树。十几岁时，他研制出一个全新的转基因植物品种，可以用来对抗环境沙漠化。成年后，塞林格创建了一个基于新型追踪系统的合作项目，该系统可以识别出具有较高人道主义终身价值的人，并为他们输送资源。

成立 5 年后，这一项目吸纳了数百万人，并保护整个国家免受环境和人道主义灾难的影响。然而塞林格拒绝放慢脚步，坐享他所缔造的基业。他只领受了微薄的薪水，并开始在世界各地的基本保障住房之间奔走。

很多人说，这个年轻人践行了真正的美德。在利马举行的颁奖典礼上，人们纷纷为他的奉献感动落泪。鲍蒂斯塔奖再次提升了他的个人形象，这个年轻人本已拥有的种种特权得到进一步膨胀。

颁奖典礼结束后几小时，一位不满的旁观者发帖抗议：卢西亚诺·塞林格不仅依赖道德代理，更糟的是，从他还是个婴儿起，道德代理就一直在他耳边低语。他的善行、无私和无懈可击的道德立场都是假象，全都是在一个旨在提供道德指导的人工智能的设计和诱导下发生的。

从是否与小伙伴分享玩具，到如何在一个遭到破坏的富裕城市和苦苦挣扎的贫穷城市之间分配资源，所有这些事情都可以纳入道德代理的管理权限当中。如果你在人行道上挡住了别人的去路，它甚至会暗示你让开，然后为你起草一份数字道歉书。它是终极导师，或者说是终极拐杖。

塞林格承认了这一指控后，人们迅速分为两派阵营。一派认为塞林格的人道主义动力并非"发自内心"，这意味着尽管他做出了不少真实的贡献，但他的人道主义大奖受之有愧。作为提供给被定罪的罪犯或神经多元谱系中最末端人士的学习与指导工具，道德代理颇有用处，但大多数人只应偶尔使用，把一切决策都交给它显然不合适，任何这样做的人都不配得到嘉奖。

而在支持塞林格的阵营当中，人们的意见更显多样。著名的鲍蒂斯塔奖传记作者雷格博士（Dr. Reager）解释说：

首先，你们应该记住，到 2057 年，道德代理已经不是什么新鲜事物。早在 2030 年代初，斯坦福大学的研究人员便发布了实验性的美德代理。仅仅一年之后，各种包装的模仿产品相继出炉，比如知心阿婆、亚里士多德、礼貌小姐、伦理学家，还有笨拙队长。这些人工智能代理都具有自己独特的道德立场，你可以通过每月支付一定金额来订阅使用。

所以，大多数人其实已经习惯了道德代理。支持塞林格阵营的一个普遍观点认为，人们本来就是从宗教文本和哲学家那里获得道德观点的。读一本斯多葛主义的著作，跟通过眼镜获取一个受斯多葛主义训练的人工智能代理提供的指导，唯一的区别只有效率。换句话说，这真的没什么可担心的。孩子们也一样，父母大多会亲自为他们编程道德代理，保证即便自己不在身边，孩子们也能受到管教。

他们的另一个观点是，遵循道德代理的指示做事其实并不简单。相反，这其中可能涉及巨大的努力和牺牲。道德代理并没有把它的客户变成机器人。它们只是在提供建议，而一般用户往往会忽略这些建议，尤其是在道德建议与零和博弈性质的个人激励措施相冲突时，比如为了获得一份大合同而欺骗同僚。对塞林格的支持者们而言，这个年轻人能够如此良好地、一以贯之地遵循这些指导，这本身就证明了他具有很强的个人道德力量。

当我把这些观点转述给道德代理专家杰夫·豪威尔（Jeff Howell）时，他表示不敢苟同：

声称道德代理只是快速入门亚里士多德或康德哲学的方法，显然是无稽之谈。你是在非自主的情况下接受指令，而这个指令是由一个人工智能代理专门设计的，它看到了你所看到的，听到了你所听到的，这样的互动跟钻研哲学著作，进而形成自己的道德观念完全不可同日而语。当你听从道德代理的建议进行决策时，意味着它已经成了你的一部分。而塞林格从出生起便是如此。人们说由于塞林格让渡了自己的道德主体性，他的行为不能算作真正的美德，所以这个人道主义大奖不该给他，这是完全正确的。

实际上，塞林格在第二天便归还了奖项，为鲍蒂斯塔委员会省去了一桩大麻烦。此举被一些人认为很有道德，而这也正是道德代理会给出的建议。这一风波并没有对塞林格产生任何影响，他继续从事自己的合作项目，而总体上看，他的支持者也一直追随着他。

到晚年，塞林格向朋友透露，自己的道德代理实际上是一个不同寻常的功利主义哲学混合体，同时还对接了普世主义代理的指导。最关键的是，他自己一直在对代码进行修改，增添或删改价值判断。

披露来得太晚，人们的观点已无法动摇。到 2060 年代中期，孩子们在道德代理的指导下成长变得越发普遍。那么，如果塞林格真的拥有一个半内在半外在、既会妥协亦可强化的道德指南针，究竟意味着什么？几千年来，人类一直都在试图将自己的一部分身体与思想外在化。道德代理只是最新迈出的一步。

大融化

THE MELT EVENT

造就 21 世纪的是什么？

你可以说这是一个思想的世纪，因为我们对人类大脑有了全新的认识，人工智能蓬勃发展。你可以说这是一个平等的世纪，这要归功于我们在反对性别歧视、种族主义和收入不平等方面取得的巨大进步。或者随着扩散到整个太阳系的智能爆炸，你也可以说这是个开拓的世纪。

但人类主导的气候变化可能盖过以上一切。它给地球造成的创伤，百万年后也难以抚平。这是我们留给后人最惨痛的遗产。即便我们在缓解气候恶化和地球工程方面尽了最大努力，即便我们有勤奋而乐观的复活灭绝生物工程——如 500 计划，我们还是无法让成千上万的灭绝物种，以及被破坏的生态系统恢复到它们本来的样子。而那些我们继承而来的东西呢？我们将永远无法从水中拯救威尼斯，也不可能再看到锡阿琴冰川公园了。

我曾专程前往科罗拉多州的丹佛，参观国家冰芯实验室。他们的检查室室温为零下 25 摄氏度，因此我不得不换上穿起来相当不舒服的热量服。但能够亲眼看到从格陵兰冰川内部几公里深处采集到的冰芯，这点代价是值得的。这个冰芯有一米长，如果仔细观察——用不着深度视力——你也能看到清晰的云状独特分层，这是每一层气泡的结果。

每个气泡中的微型大气层，都能告诉我们不同世纪世界的模样——它们表明，现在的世界与几十万年前大不相同。到 2050 年代末，地球二氧化碳浓度约为百万分之四百八十，与今天的百万分之四百多相比，这个数字可能显得很高，但这是自 2050 年代的 350ppm 迅速上升的结果，而这一结果导致地表温度上升了近 5 摄氏度——这一切的根源是高速工业化。

后果是什么？气候急剧变化。地球上没有一个角落，没有一个人能独善其身。非洲、中国与高纬度土壤肥沃区沙漠化加剧，极端天气频繁发生，飓风越发强大，以及最令人揪心、难忘的"船队"。

到 21 世纪中叶，海平面较 50 年前上升了 20 多厘米。这个上升幅度对英国、荷兰等富裕国家尚且可控，但对于恒河三角洲及密西西比冲积平原的沿海地区，却足以造成经常性、毁灭性的洪水泛滥。很多人把希望寄托在地球工程项目上，比如 16 国联盟的 SAGA 飞行舰队、海洋铁施肥、工业碳捕集和遮阳项目。所有这些项目都以降低地表温度为目标，有的取得了成功——但不够迅速，而且并非没有副作用。

这种对可以通过技术方案解决气候变化的希望意味着，即便灾难一再发生——如 2055 年摧毁纽约的三类风暴"涅斯托尔"飓风，导致布鲁克林南部、皇后区以及曼哈顿低地地区被洪水淹没，一连数月无法居住——也没能唤醒人类的危机意识。大多数人都怀有一个因无知或被误导而产生的信念，即救赎迟早会到来，在情况好转之前，至少不会变得太糟。公平地讲，由于全世界的共同努力，地表温度在 2050 年代已经几乎到达了极值。"我们通过地球工程搞出来的烂摊子，也可以通过地球工程解决。"有人会这样说。

但情况并未好转，甚至没能保持在"不太糟"的状态。

2058 年 7 月，加拿大航天局发出警告，一场影响格陵兰岛冰层的超级极端融化事件发生。不幸的是，这一事件刚好遇上一股异常强大的暖空气。观察者们一直担心格陵兰岛冰层对空气温度上升越发敏感，而实际上，2058 年的大融化，引发了巨大的冰川融水径流。全球海平面在不到一年时间内上升了 45 厘米。这就是后来为人们所熟知的"大上升"。

今天很多人仍对 2058 年记忆犹新。幸运的人会记得自己原本住在沿海地区的亲戚朋友突然造访，先是小住几天，然后几周，再然后是几个月，矛盾逐渐显露。其他人则记得数以万计的无人机和人类的竭尽全力，偶有成功，但大多徒劳。他们真的是在试图通过匆忙建筑的海岸防御系统"力挽狂澜"。

但我们都记得"船队"。几十万艘大大小小的船只出动，在世界各地一千多个城市疏散那些行动迟缓或丧失行动能力的人。这次临时性的大规模分布式救援行动，其规模和在世界经济中占据的份额，一度达到了与第二次世界大战比肩的程度。6 个月的时间内，全球经济的 21% 都投入这场由船队主导的行动中。

然而，这次行动并不是由某个强权发动的。相反，这是世界各地人们自发做出的决定。他们将自己囤积的资源与个人授权让渡给松散的人工智能网络、增强团队和控制船队的人们。利用慕尼黑再保险、通用再保险等保险公司事先开发的软件，船队协调一切，从辅助医疗无人机的派遣到向灾区运送食物与药品。仅在佛罗里达州，他们就避免了土耳其角核电站的熔毁，挽救了数千人的生命，同时还保护了大沼泽国家公园。

总而言之，由于船队的救援行动，获救的生命比危机之初预计多出了数千万。 然而，尽管救援做到了极致，人们仍无法改变海平面上升所带来的几乎无法阻挡、无法逆转的全球影响。

随着海平面上升危机最严重的时刻过去，船队逐渐解体，变成几千个分支组织。 人类进入后危机时代，将力量与资源投入到重建一个更具弹性、更加分散、多重冗余的社会当中。 没人想再被拯救。没人想再受到气候的摆布。

如何与后人类交朋友

HOW TO GET POSTHUMAN FRIENDS

太阳系 ｜ 2062 年

以下内容摘录自畅销自助书《如何与后人类交朋友》：

你一直都很喜欢后人类（posthumans，PHs），甚至想成为其中一员。但无论服用多少赛瑞汀，进行多少提升训练都无法让你跻身转变中心。你无法进入乌德哈根、IIS 或克拉维于斯。你花了很多时间，不停复习、练习、尝试以及失败。你冒着巨大的风险，通过磁刺激疗法提高分数，但还是无济于事。

你觉得，总有一天，他们会后悔没有选择你。后人类会整治那些小心眼、腐败的普通人类——那些家伙阻碍了你的转变之路。如果能让他们帮你通过就好了！

作为备选计划，你曾想进入增强团队。但后来听说了那些怪异的团体迷思，以及阿拉贡事件，你还是打消了这个想法。也许后人类会帮你解决这一切，但你并不抱有希望。

有一个安慰奖。即便用的是旧版本的普通镜头和基本款的神经系带，你仍可以跟他们交往。你可以成为他们的朋友。当然，那些愿意为了普通人放慢脚步的可能不会是最优秀的后人类，但我们仍应感激这些还在乎我们的人。

你应该这样做。你要吸引那些喜欢编程的后人类的注意。这并不是最性感的领域，但重点在于——你无须太过努力。

你要扮演好你的角色。后人类总因为被人们要求解决形而上的或伦理方面的难题而困扰。不要问那些。先为他们跟其他人类交流提供帮助。考虑花点时间训练一个专门的模拟代理。发挥想象力——这总能打动后人类。

你要搞清楚他们的兴趣究竟是什么。后人类通常喜欢玩具或奇怪的东西，比如自指性游戏或几十年前积累下来的开源代码。但就算你无法忍受编程考古，认为奇怪的循环都是废话，也不要表现出来。只要加入那些满屏都是胡言乱语的论坛，就算是成功的第一步。加油吧。

关注后人类正在进行的项目，比如鞍点实验和传送带构造。这些都可以成为很好的聊天开场白，尤其是在如果你能找到一些方法，把它们和你所选择的领域结合起来的情况下。当后人类发现善于建立联系的人类时，他们总是很高兴，或者至少会觉得有趣。对他们来说，这就像是看到一个早熟的孩子或忠诚的宠物在耍把戏。

不要说一些诸如"亚人类人工智能"的蠢话，也不要对"普世情感"权利表示质疑。一旦他们拒绝和你对话，你很有可能会被那些好事的自由主义者点差评到被社会遗忘。试着被他们启发。这会让他们回想起他们自己。

后人类喜欢历史，尊重那些能为他们解释历史的人，所以要记住能让你扮演历史学家的代码。别忘了，后人类的"后"代表的只是状态，而非"空前绝后"。

一旦他们说"你怎么会知道这么多，你们的脑子都那么慢？""你觉得有上帝吗？"这样的话时，要隐藏你的真实情感。微笑，耸肩，不要让怒意表现出来。

千万不要在沮丧的时候谈起成为后人类的事。他们不想再听有人来抱怨转变中心是多么不公平。否则，你觉得他们为什么要雇用人类来管理测试？一旦爬上阶梯，他们就会觉得任何上不来的人本就不配与他们为伍。你要假装自己作为一个普通人类就已经很满足了。

不要乞求寿命延长之类的好处，那看上去很绝望。

后人类可能会对一些隐私问题很敏感，比如，"上去之前你是什么人？"或者"你实际上在什么地方？"但如果他们询问你的隐私，不要生气，要尽可能诚实地回答。如果有意愿，他们随时都能拆穿你的谎言。

遵循上述技巧，很快你就能交到很多后人类朋友啦！也许你还会收到他们的礼物。礼物往往奇怪但有用，会平息你成为后人类的渴望，至少在一段时间内。他们甚至可能怀疑转变中心是不是出了错，并衷心祝福你可以获得一条自由的向上之路。

萨伊岛再野化

REWILDING SAÏ ISLAND

苏丹 | 萨伊岛 | 2063 年

站在萨伊岛的古墓旁，望着无边无际的黄沙和崩裂的悬崖，你完全可以想象如果时间定格在 4000 年前，库施王国与古埃及人生活在这里的景象。这里几乎看不到现代文明的影响——没有无人机，甚至没有一根电线、一栋建筑。

不过，当然，萨伊岛在这 4000 年间不可能始终不变。尼罗河改道了，气温上升了，所以这座岛屿也不再像以前那样，从容地为人类提供庇护。一些环境变化是人类无法控制的因素造成的，但也有很多需要我们负责。

几十年来，将萨伊岛的生态时钟拨回原始状态——"再野化"它——似乎是不可能的。但到了 2050 年代，随着我们的力量与资源从"大融化"中恢复，苏丹便面临这样一个问题：现在我们终于有能力对萨伊岛进行恢复和再野化了，但我们应该这样做吗？

当时世界上已经有很多地方实现了再野化，哥斯达黎加的瓜纳卡斯特自然保护区和北美大平原很大一部分都在 20 世纪末和 21 世纪初恢复到了荒野状态。在北美大平原，一些由 500 计划复活的物种被引入（尽管引起争议），包括波斯野驴、灰狼和非洲狮（现在也可以叫"美洲狮"）。环境社会学家马西·麦格雷戈（Marcy MacGregor）教授解释了再野化项目背后的动机：

这取决于你！对一些人来说，这么做是因为对于破坏环境的负罪感；而对另一些人来说则完全是出于好奇。当然，还有一些人认为，再野化的价值或真实性取决于观察者怎么看。但总体来说，基于"半空世界"相关理念，再野化得到公众强烈而广泛的支持，而这种支持也得到了一些当时更广泛的社会趋势的支撑。

其中第一个趋势是由于苏丹西北部建造的巨大新太阳能阵列，导致建筑无人机的能耗成本大幅下降。曾经需要人类工程部队几十年才能完成的项目，现在利用专业自我组装机器人，只需几个月的24小时工作便可以搞定。

另一个是漫游式生活的兴起，拜近乎完美的远程通信技术、普遍失业以及旅行成本低廉这些因素所赐。漫游式生活来到苏丹的时间较晚，但随着它的到来，城市变得空旷，人们越发珍惜自然环境。如果你一辈子都生活在城市里，只是偶尔会到外面走走，你可能不会对自然环境太过在意——至少不至于想在保护环境上花钱。但如果自然成为一种生活体验，情况很快就会发生转变。

最后一点很简单，人们越活越久。苏丹人的预期寿命已达85岁，这意味着他们有信心自己能从再野化中获益，况且在之前几十年，迅速的、破坏性的气候变化不断发生。而当人们是在为自己的子孙后代考虑时，一个项目断断续续搞几个世纪还没完成也不算奇怪。

于是在21世纪五六十年代，苏丹启动了多达10个再野化项目，包括丁德尔国家公园的扩建，以及在米尔吉萨和达贝纳蒂尔岛重新引入非洲野犬。

然而，有一个地方并没有再野化，那就是萨伊岛。尽管民主联盟党持续发起运动，要求在萨伊岛实行先进的再野化技术，但选民们认为岛上的古代库施人及古埃及人定居点遗址具有足够的考古价值，更值得保护。于是喀土穆大学和大英博物馆的团队又获得了半个世纪时间，对这些古代遗迹进行妥善记录，而再野化的支持者们也愿意等待。他们认为，这段时间足够萨伊岛从其他地方的再野化项目上吸取教训。

　　这也就是为什么，当我驱车踏上回船的归途时，这个地方看上去和一个世纪之前并无不同。

造父变星[1]

CEPHEID VARIABLE

以下内容摘自阿尔伯特·魏特马（Albert Veltema）的传记，对扬斯基甚大阵列（VLA）事件进行了披露。这一争议事件至今仍众说纷纭。

他们说，这一切始于 1990 年代，软件开始吞噬世界的时候。它们吞噬了我们的休闲时间，也吞噬了我们的工作时间，甚至吞噬了我们的行动能力。

不过至少，这个故事是我的家人亲口告诉我和我妹妹的。他们是开放者，他们认为这世界上的所有东西应该向所有人开放。最重要的是，他们认为所有软件都应该开放。

软件控制着我们生活的每一个瞬间。如果它是封闭的，那就意味着如果出了故障，没有人能予以解决；如果被篡改，没有人会知道。只有所有软件的源代码都展示出来，人类才有获得独立性的可能。谁知道里面会有怎样的非法监控代码和后门？

软件已经吞噬了世界，唯一的出路是自己写源代码。跟所有孩

---

1. 造父变星（cepheid variable），变星的一种。其变光的光度和脉动周期有非常强的直接关联性，可用于测量星际和星系际的距离。——译者注

子一样，我们甚至比他们自己都更加对此深信不疑。

没人会说他们是笨蛋。他们一眼就能看出 C++ 语言的含义。他们生于 1990 年代，在 2010 年代开始工作，当时世界正从大衰退中艰难复苏。但幸运的是，他们选择的正是那个时代所重视的职业——编程。

所以，一旦我们长大到能自己拿住平板电脑，父母就开始训练我们编程。他们认为——他们知道——编程将是我们日后经济来源的保障，就像他们一样。问题是，很多父母同样想到了这一点。于是等我们长大，我们不得不和一亿名训练有素的程序员竞争。

编程始终是一种帮人们解决问题的技术。但其中最大的问题之一是，只有程序员才能写软件。你要怎么解决这个问题？你写一个软件，让没经过训练的人也能自己写软件，这样一来，你不仅解决了个别人的问题，还一劳永逸地解决了所有人的问题。

所以在那一亿个程序员里，有一些就动起了这个心思。长话短说，他们成功了。整个行业就此瓦解。当然，你仍然需要一些人对编程机器进行编程，但这需要的人很少。甚至这一部分人也在不断减少，因为编程机器——你们所说的人工智能——也开始进化了。我们的技能不再有用。分析能力出局，同理心、创造性思维和个性能力变得越发重要。我想，这就是所谓的"被时代淘汰"吧。

无论如何，我的父母和叔叔阿姨们都通过职业生涯获得了丰厚的回报。当我们还是孩子的时候，他们就不允许我们使用任何闭源的应用程序，甚至游戏都不可以。我们必须从头写自己的应用程序，而他们会逐行检查，寻找错误。他们甚至会故意设陷阱，假装提供建议，实际上却是在误导我们引入错误或是后门。

我们的能力得到了长足的进步，但同时也变得非常多疑。但他们会说，没有"无缘无故的错误"。

妹妹比我聪明。偶尔妈妈会奖励我们玩几个小时闭源游戏或是娱乐软件。我就像饿急了的人吃到牛排一样喜欢它们，但妹妹比我意志坚定。她从未接受过此类诱惑。她是一个真正的开放者，一个自给自足的汇编代码天才。然而问题是，世界已经不再需要一个代码天才了。

当我离开家时，她丢掉了一门最高级开放课堂的教席，因为她宣称其他学生的代码是"害人性命的废物"。在那之后不久，她投入新墨西哥州一个奇怪的合作项目当中，负责在那里照管扬斯基大阵列的搜寻地外文明（SETI）射电望远镜。我设法继续按照父母为我设定的道路生活，只偏离半步，以制作定制模拟代理为生。我的代理是模仿品的模仿品，游走在原创与剽窃的边缘。我设法弄到一个系带，我试过吃药，我甚至在一个夏天找了个小岛，完全与世界隔绝。但这些都没有用。我被困在自己的身份里，无法从头再来。但妹妹只会比我更痛苦。她还要继续堕落。

SETI 是一桩属于天才的崇高事业，但扬斯基却是个破旧的残骸，远不及那些增强团队在轨道上摆弄的超大阵列，以及更远的生物群落和人工智能。在经过了十多年除了一些二手的象形表情外一无所获之后，妹妹开始疯狂地给我打电话。她一直在低级的 SETI 基础设施上胡乱鼓捣编译器和汇编代码，想给我看看她偶然发现的一些奇怪数据。

这是个信号，她得意地说，一个被 SETI 人工智能刻意隐瞒的信号！它们用超级神冈中微子探测器发现了它，就在土星附近。

但在我看来，那只是乱码，是噪声。而且这数据甚至不是来自可居住区的行星，而是来自北极星。

"但是，"她说，"北极星是一颗造父变星。"

"所以呢？"我问。

"所以，"她说，"你可以通过中微子调控一颗造父变星的脉冲周期。这是外星文明向整个银河系发送信息的最佳方式。"

"这得动用多少中微子？"我问道，答案在我心头一闪而过：相当于恒星动力的一半有余。"得了吧，你是在开玩笑吧？"

"那又怎样？"她说，"它们是外星人，它们可以做到这一点。你到底帮不帮我？"

"我觉得，"我说，"这太荒唐了，你这是在浪费生命。"

"好吧。看来跟你说不通了。"

几天后，我得知一条消息：妹妹在一个私人 SETI 内网发布了一个病毒。这个病毒非常出色，通过利用他们老式芯片一个不明显的漏洞，造成灾难性的数字证书级联失效，从而抹去了几个月的数据，同时毁掉了数量难以想象的设备。如果不是一些敏锐的增强团队出手，她的病毒可能会取走某人的性命。

换作之前的时代，她的行为将被判死罪。对她的惩罚很明确：空气阻隔。接下来 30 年，她被禁止使用任何联网的终端设备。

之后我去新墨西哥当面看她。她正在手工重建一个废弃的阵列。我问她为什么要这么做，她跟我讲了个故事，说在 SETI 人工智能发现了她那个所谓的造父变星信号后，发生了一场内战。"斯捷普"和"布洛涅"想告诉全世界，而"玛蒂尔达"和"格洛斯特"则想掩盖事实，把发现据为己有。因为它们觉得，凭人类的智能是无法理解这个信号的。

"那信号说了什么？"

"宇宙处处是奇迹，"她说，"还有陷阱和诡计，多到让我们希望自己不曾出生。"

人工智能认为它们能够对这个信号进行弱化和研究。 妹妹知道
它们是错的。 她会拯救我们所有人，无论是人类还是人工智能，让
我们免受那些我们不曾注意也无法理解的危险之害。

这是一种疯狂。 诡异的疯癫。 没有任何证据，因为所有数据都
已被她抹除——她能找到的一切。

我摇了摇头，从她身边走开，蹲在那些布满尘埃的望远镜前。
我很佩服她。 她以为自己解决了世界上最大的问题，并在人工智能
自己的游戏里打败了它们。 她认为自己获得了行动权。 但我并不
确定。

神经伦理学家身份考试

NEUROETHICIST IDENTITY EXAM

太阳系 | 2066 年

神经伦理学家一级——身份——入门测试

作为一名初级神经伦理学家，你需要对各种案例给出专家建议与判断。 不必考虑法律的复杂性，那是法律人工智能代理的工作。 你只需要以一种清晰而富于同情心的方式，与其他人类交流身份变换下的种种选择。

请在任意时间内，对以下 10 个问题中的 5 个进行作答。

1. 爱丽丝制作了一个完整备份，这个备份与她本人无法区分，且能够独立运行。 那么这个备份的所有权应当属于谁? 另，在以下情况下：

a) 备份从未被运行；

b) 在备份进行快照存档后，爱丽丝本人出现了严重的心理断层（如失忆、重大欲望改造、神经退行性疾病等）。

其所有权是否发生改变?

2. 鲍勃裂变，产生了一个与本体相同的克隆人（鲍勃 2 号）。 不久后，鲍勃被发现在裂变前有犯罪行为，那么罪行的责任应当由鲍勃本体及 2 号共同承担，还是只由鲍勃本体独自承担？

3. 张签署了一份合同。随后，她进行了人格重建，那么这份合同对张是否仍具有约束力？合同性质或结果是否受此影响？

4. 达温德订立了一份生前遗嘱，声明如果患上神经退行性疾病，他将接受安乐死。而当多年后这种情况发生时，达温德更晚版本的自我（much later self，MLS）认为，情况已发生变化，上一个自我订立的生前遗嘱不应该再适用。两种自我，孰是孰非？

加分题：如果在订立遗嘱的同时，还对达温德进行了备份，那么达温德的 MLS 是否有权对其所造成的困扰进行起诉？

5. 社会是否应当为个人提供备份服务？这种服务应当多长时间提供一次？

6. 恩里克决定接受实验性叙事注射疗法，注射材料是通过原创性见解修改、串联的恩里克个人的经验，旨在改善他对生活的理解。但治疗后，恩里克对自己的改变并不满意。那么，采用逆向疗法能否让他恢复到原本的自我？

7. 志同则道相合，个人会从那些与自己欲望相近的人身上获益。那么，当个人接受欲望修正时，他应该在多大程度上考虑自己的 MLS 的获益情况？

8. 小崇是个未成年人。她的宗教信仰禁止她建立自己的备份。

在一次事故中，她的父母双双身亡，她自己也身负重伤，生命垂危。小崇剩下的法定监护人希望对她进行备份。这种情况该怎么办？

9. 格劳瑞是一个符合伦理人格及行为条件的罗威纳型（Rovane-type）群体心智，由 245 个个人组成，但这个数量会随着时间的推移增加或减少。那么，在何种情况下，格劳瑞应当被认为已经成为另一个人格，或是可以判定其"死亡"？这些条件与适用于非群体心智的条件有何不同？

10. 亨利是一个自认为是虚构角色的非人类认同者。他希望将自己的个性与感官永久重塑在《我的威龙》（*My Daring Dragon*）的游戏角色上。你应当以何种标准来评判这一请求的严肃性？

冷却金星
COOLING VENUS

2076 年伊始，一个业余天文学家俱乐部将他们的望远镜对准金星，结果有了一个惊人的发现。这个发现过于出人意料，以至于他们最初以为是设备出了问题。但设备没有问题，金星正在以极快的速率冷却。实际上，这一进程是前不久开始的，而且越发迅速，并且没有任何自然原因可以解释。于是他们得出结论：这是人类造成的。

舆论立刻一片哗然。是谁想给金星降温？他们是怎么做到的？又是如何在这段时间里保守这个秘密的？还有，金星的卫星、空间站以及无人前哨站为何都没有更早发现冷却的发生？

最后这个问题，在通过对金星及金星附近所有相关的科学硬件进行了一系列彻底的诊断检查后，找到了答案。测试发现了一种优雅异常的病毒，它感染了所有仪器，致使它们忽略或误报光谱、辐射及温度数据。人们认为，这些业余天文学家之所以能够发现问题，是因为他们的设备过于陈旧，不在这种病毒感染的范围之内。

几天内，全新的飞行器及着陆探测器便在轨道空间上拼凑出来。穿过厚厚的金星大气层，它们发现了众多微小的反射器，一些成云团状飘浮在空中，另一些已在地面上分布。单独的反射器对增加星球的漫反射系数——对太阳光的反射率——作用极其有限。但在数十亿的数量下，它们的冷却效果便十分显著了。

　　幸运的是，这些反射器并不是自我复制产生的——如同那些噩梦般的情节：不负责任的专家随手丢弃设备，结果造成了不可控制的扩散。它们来自迷你工厂，这些迷你工厂在地表穿梭，通过提取硅酸盐完成制造。我这里便有一个这种迷你工厂的复制品。事实证明，迷你工厂生产与自我复制大同小异，但由于它们相对较大的体积和缓慢的复制速度，人类的恐惧多少能减轻一些。

　　调查范围进一步扩大，因为人们担心擅自进行冷却项目的星球开发者可能还采取了除反射器之外的其他策略。研究人员调查了是否有人在操纵小行星轨道，将水和氢引入金星（令人震惊的是，确实如此）；种植经过调整的生物体，以减少金星大气中的二氧化碳（没有，也许是因为效果不可靠）；以及有没有在 L1 点布置一个巨大的遮阳板（也没有，太招摇了）。

　　多个组织宣布对此事负责，其中最可信的当数法伦特生物群(Farronite Biome)，该组织长期以来一直在进行快速地形模拟实验，并且具备进行这些部署的工程及人工智能知识。然而，除了非常草率的声明（"没错，是我们做的"），法伦特方面并未就他们的动机提供任何线索。但他们非常清楚地表达了一点，他们将继续进行这一实验。

　　阻止他们很难。法伦特是一个自给自足的小行星生物群落，制裁并不会造成实际影响。采取军事行动是非常危险的，而且通常来讲也不被允许。动用能力更强的人工智能的建议则被忽略，唯一剩下的选择是铲除他们的各类机器人及人工智能代理。这一进程原本势如破竹，直到与法伦特志同道合的组织也加入进来，导致金星附近的人工智能及机器人战争范围迅速扩大。

但是，这种奇怪的疯狂冲动究竟从何而来？他们为何如此渴望将我们星系中的另一颗星球地球化？来自艾彻斯眺望研究中心的艾拉·坎多卡尔博士解释道：

假设想以最快速度对金星进行地球化改造，你需要几个世纪时间才能初步完成，并且还会受到持续近 4 个月的昼夜循环的困扰。鉴于在同样时间内，你能够完成数百万个为自身需求量身打造的生物群落，我们可以说改造金星的想法更多是出于意识形态，而非实际意义。

有一种观点声称，法伦特方面认为地球文明的全面崩溃即将到来，因此，为人类准备一颗可供利用的后备星球——一颗比生物群落更可靠、比火星更稳定的星球——是未雨绸缪的明智之举。从这个角度来说，他们的做法似乎有一定道理，但我相信大多数生物群落和火星定居者并不这么认为。

另一种说法是，法伦特最终的目的是把金星轨道从太阳周围移开，这是在为几十亿年后随着太阳的老去与膨胀，人类需要对地球采取同样行动的练习。坦率地讲，我认为这种说法完全是一种妄想。而且我相信，由于这样做将会对太阳系中其他天体造成危害，它会被立刻叫停。

我认为最有可能的解释，是这次地球化改造的努力——至少部分程度上——是一次精心设计的演习，目的是将人类分散的注意力从各种模拟、虚拟宇宙的唯我讨论中拉出来，重回"基本现实"，一个真正令人震惊的事件，关系到所有人，但不会造成任何死亡。

如果这就是法伦特方面的真实想法，那么随后的发展便意味着他

　　　　　　　　　　给 91 件未来事物写历史

们的失败。 仅仅几个月后地球改造战争进入毫无意义的缓和期，支持或反对地球化改造的双方都没有再进一步的打算。 大多数人干脆把这事件忘到脑后。 但直到今天，法伦特方面依旧在继续他们的努力。 他们似乎打算凭借比任何人坚持得更久，赢得这场争论。

生物群落

BIOMES

太阳系 | 2078 年

整个世界呈现在我的面前。田野与树林犹如拼布床单，碧绿的溪流点缀其间。我可以想象自己是在飞机上向下俯瞰，然而只需要稍稍抬头，我就能看到一条小溪，它沿着世界的墙壁向我蜿蜒而来。这些墙壁与我席地而坐的地面连接在一起。

一个星期。他们说，需要经历一个星期的时间，你才能适应在仰望天空时看到一片湖泊出现在头上的奇观。询问一个新人有关新人的问题并不是个好主意。

离开地球现在容易多了。可重复使用火箭、激光发射器、质量加速机、廉价的能源，这些都为人们开疆拓土提供了助力。但出埃及的合适时机仍未到来。很多人在轨道上待上一周便会饱受零重力之苦，更何况，实体虚拟现实（Solid VR）已经足够有趣，而且方便太多。

但实体虚拟现实的问题是，它无法掩盖你的实际位置——只要身体还在地球上，你距离你的工作或至亲就只有几个光分钟的距离；只要身体还在地球上，你就要受到国家与权力的管辖，那些你无法认同的权力。

一个月。过一个月时间，你的大脑就会放弃抵抗——只需要沿一条直线走上一天，你就会回到最初的起点。这也足够你的代理们

334　　　　　　　　　　　　　　　　**给 91 件未来事物写历史**

设定好当地的私人网络，开始搜集个人数据。

经过一段时间对于建造空间站、革新航天器的迷恋之后，人类开始意识到，这种做法才更有意义。只需在小行星带上找到一颗岩质小行星，将其旋转以获得舒适的重力——通常比地球重力稍低——然后把从附近开采的有机物和水填充上去，在其中心贯穿一条核聚变动力的光线，再将细菌、藻类、植物、鱼类、动物、鸟类以及其他任何你可能想要的东西放进去，进行播种。很多生物群落会以"升天"组合为目标，其中包括濒临灭绝的物种和复活的物种，但并不是所有生物群落都对地球问题如此上心。

最初几个生物群落的建立充满波折。在该将它们移入哪个轨道、采用哪种政府结构、河流应该流向哪里等问题上，出现了不少纰漏。但随后百余个生物群落的建立便驾轻就熟了。大部分生物群落直径数千米，空间足以容纳整个城镇。很快，上百万人在行星间编织出螺旋形图案，这是人类防止灭绝的终极保险。

一年。一年的时间，你便能够充分适应生物群落的人工重力。你可以利用它们独特的科里奥利效应[1]在运动中占据优势，而运动是你结交新朋友并获得他们信任的好方法。一年后，如果出现合法的犯罪或恐怖主义目标，你应该立刻着手处理掉。如果没有，那就继续前进。

和大多数孩子一样，我认为只需要对我的眼镜轻声发出指令，它就会告诉我这颗星球上发生的一切以及任何人的全部信息。这是"过剩时代"的和平红利：数以百万计的卫星和航空器、数以十亿计

---

1. 科里奥利效应（coriolis effect），是对旋转体系中进行直线运动的质点由于惯性相对于旋转体系产生的直线运动的偏移的一种描述。科里奥利力来自于物体运动所具有的惯性。——译者注

配备有传感器的无人机与人类，以及数以万亿计的定位器与代理。

我还认为，它的存在原理是相反的。如果你无法在网络上找到它，在现实中它便不存在。后来我发现苏西·柯克伍德背着我在学校里说我坏话——在网络之外。我们都有秘密，这是我学到的道理。

10年。所有生物群落开始融合，包括它们古朴的小村庄、玩具似的农场，还有它们奇特的仪式。你再到生物群落去巡视，会发现太阳越来越小——越发接近不折不扣的"黑暗之旅"。保守秘密的最好方式之一，是让它尽可能远离地球网络更多光分钟。只有最好奇、最坚定的调查者才能忍受这样的时间延迟。

远离地球也不坏。这意味着你能接近一些更有趣的东西，比如木卫二、土星或 JANA 望远镜阵列。你需要对生物群落的具体情况进行更密切和频繁的监督。如果能把生物群落的轨道调整好，你还可以让它在整个太阳系里进行永久大巡游，有谁不想这样呢？

还有一些生物群落偏安一隅，待在太阳系边缘，从不邀请访客。它们大多是无害的。修道院与疗养院总有充分的理由独立于世，它们不希望被太阳系内部的疯狂喧嚣干扰。我对此心怀敬意。

还有一些人希望建立自己的微型乌托邦，避开旁人窥探的目光。在我的第四次实体虚拟现实之旅中，我的代理了解到伊斯本（Isben）上出现了一些邪教组织。我们不知道这是怎么发生的。扭曲的宗教、人工智能崇拜、欲望改造出了问题，这些都有可能，或者是它们叠加后的结果。因为当我试图追踪这个生物群落时，所有数据都被抹掉了，所有人都消失了。如果不接听来自家园的通话，这种事便很有可能发生。

有时我会及时赶到，阻止这种事情发生。有时当我抵达时，看到的只有成千上万具沉默的尸骸。人类的保险措施的代价是，所有人性当中最好的以及最坏的，都被聚焦于一点，集中在飘浮于太阳系中的上千颗宝石之上。

就像我说的，它们不会对任何人敞开大门，你必须暗示你自己。你需要改变面孔、改变身份，还要在一段时间内改变灵魂。如果你想知道它们的秘密，你就必须保守自己的秘密。

我听说我们中有一些人在阻止暴行，或者至少避免暴行蔓延。我们有一些能力超乎寻常的朋友，他们偶尔会出手相助。大多数时候，我觉得他们是发自内心地关心人类的福祉。

一生。想要拯救一小部分受苦受难的人，一生时间并不够用。但拯救一个足矣。

我们未加改善的模拟

OUR UNIMPROVED SIMULATION

我们的宇宙是计算机模拟的产物。这可能吗？也许是？证据确凿。超大规模对撞机联合集团的最新成果，几乎没有给人类留下任何想象余地。我引用他们的报告：

> 通过对渺子 $g-2$ 能量光谱的精确测量，我们发现了一个非零的网格间距。这意味着，我们的宇宙有可能存在于未加改善的晶格量子色动力学模拟当中。

没错——超大规模对撞机专家们认为，我们生活在模拟当中。"未加改善"是什么意思？意思是我们身处的模拟，还是一个廉价的早期版本；意味着我们的模拟器甚至没有足够的处理器周期，来对我们的宇宙进行校准！

当然，这个结论对于任何阅读过博斯特罗姆[1]（Bostrom）作品的人应该都不会感到意外，但仍足以令世界为之震动。据说梵蒂冈将在未来一个月内封闭，以搞清楚事情的真相。与此同时，各种全新

---

1. 尼克·博斯特罗姆（1973-），牛津大学教授、哲学家，他认为一台和人类智力相当的计算机会引发数字时空的智能大爆炸，从而创造出摧毁人类的强大力量。代表作《人为偏见》《超级智能》等。——译者注

的……宗教？组织？社团？……纷纷涌现，争论当下最紧迫的问题：我们现在该怎么办？

大多数讨论者告诉我们，我们应当做模拟操纵者的乖孩子。每个孩子最该给爹妈带来什么？子子孙孙！换言之，我们应该抓紧制作我们的模拟宇宙，从而为幸福繁荣的模拟家族树添枝加叶。然而，且不论我们现在是在一个未加改善的威尔逊晶格模拟器里进行模拟，制造新的模拟只会将眼下的拙劣重复下去，我真的必须问一句——为什么要这么做？

到目前为止，我听到了两种答案，我称之为胡萝卜和大棒。让我们先从大棒开始。

有人认为，如果我们不尽快制造新的模拟，我们这个贫乏的宇宙就会被模拟操纵者标记为彻底失败，然后被毫不留情地关停。这一观点基于一种奇异的信念，即模拟一个宇宙的目的，便是制造更多模拟宇宙。显然，即便按照我们有限的经验，事实也并非如此。但即便如此，我们的模拟操纵者真的希望我们在刚刚掌握计算机技术之时便尝试构建宇宙吗？也许我们应当再等一等，等我们的技术更从容、更廉价，那样我们才可以尝试运行改善的、高效的模拟。

我应该补充一点，我发现这整个论点的根本是令人反感的人类中心主义。考虑到我们最近发现的有生命的太阳系外行星数量，我们真的要相信我们是这个宇宙里唯一有能力进行模拟的文明吗？我更偏向认为，其他一些不幸的文明早在几百百兆亿年前就已经完成了这项工作，我们这些剩下的文明只需要继续享受生活。

但就算发展到最糟糕的情况，在一段时间之后，模拟操纵者受够了我们的碌碌无为，决定关闭一切，那又会怎样？我们甚至不会注意到事情的发生。没有痛苦，没有警告，一切便不复存在。我宁愿接受这种可能，也不愿惶惶不可终日。

除了大棒，我们还有一根胡萝卜。这种观点认为，如果我们创造出自己的模拟，我们将得到奖励……我不知道会是什么，额外的计算资源？另一个星球奇迹般降临在太阳系中？天降甘露？一个真正的天堂？

坦率地讲，我觉得这种想法比担心惩罚更加荒谬。我想给我们的模拟操纵者更多信任。我们不是盒子里的小白鼠，等待实验一步步进行。如果我们要承担更严肃的责任，运行我们创造的模拟，那么它不应该只是为了虚无缥缈的希望；我们应该有更崇高的目标。我希望我们的操纵者也是如此。

然而，有谁在乎究竟是胡萝卜还是大棒呢？我更关心是谁在挥舞它们，其他一些人也是如此。

我知道温沃德生物群落（Windward Biome）正在试图通过发出"喘息"来吸引我们的模拟操纵者的注意，比如制造天文学尺度的巨大标志物，或是进行超高能量粒子碰撞。尽管这些做法看上去很有娱乐性——有爱好总是健康的，但我不禁认为我们的模拟操纵者还有更多重要的事情要做，而不会像那些终极游戏迷那样盯着模拟进程不放。他们要么已经知道我们了解到自己身处模拟之中，要么根本不关心，也不想现出真身。

我更欣赏加雷特同声团（Garret Chorus）的策略：通过对模拟本身的限制，直接探测我们这个宇宙的计算基底。换言之，黑进（hacking）宇宙。

在实践中，这一策略涉及大量粒子加速器及黑洞。我不会假装自己懂得这些细节——通过你的系带，你可以得到更好的解释——但我确实能够理解这一工作的重要性。如果能访问宇宙的软件，我们不仅可以与模拟操纵者沟通，还有可能跟与我们在同一个基底的其他宇宙交流。

所有这些都耗资巨大，这也是为什么我认为加雷特需要你的支持，让这个项目能够继续下去。只需要微小的奉献，你就可以抢先看到我们的最初成果。对于进阶支持者，我们可以让你与运行这个项目的增强团队和人工智能零距离接触。倘若你是加雷特这一项目的"铁粉"，成为最高级支持者，你将有机会成为第一批与另一个宇宙交流的地球人！这是一种无法模拟的体验，绝对不容错过。

有意参与这个项目，你只需要将你的系带……

终生之旅

TRIP OF A LIFETIME

土星 | 卡西尼阵列 | 2079 年

热门话题：上天去——终生之旅

科学家们已经在超过 2200 万个星系中发现了 83432374 颗太阳系外行星。其中大多数不足为观。不过，也有 0.3% 位于其所在恒星系的宜居带内，既不太冷也不太热，可以维持生命生存。在它们中间，有 71349 颗被认定为"高度宜居"，这些行星拥有稳定的轨道、适度的季节变换以及合适的质量。

对这些行星的研究已经消耗了大量精力。

确定一颗行星上是否存在常规生命的方法有几种。一是在该行星大气层中寻找短期存在的生命标志物，如氧气、臭氧、甲烷、氧化亚氮等。水也是值得关注的，尽管它并非生命存在的必然证据。由于行星光谱会显示出这些生命标志物的踪迹，因此探测起来并不难。

有 589 颗行星具有至少两种标志物。

其他生命存在的明显迹象包括海洋、陆地及生命标志物大气含量的季节性变化，以及行星表面的变化。寻找这些迹象的最直接方法是拍摄这些行星的照片。这需要一台相当庞大的机器，包括至少 100 台分布在 1000 公里范围内的网络望远镜。在 2075 年，总共也只有 95 台这样的机器被投入使用。

在最有希望存在生命的太阳系外行星中，有 52 颗已经被拍摄了高分辨率图像，其中有 24 颗显示出其海洋中存在类似浮游植物生命的明显证据。还有 9 颗行星的大陆上分布着类似植物的生命体，会随着季节变化而变化。

外星生命的首次发现引发了全球性的庆祝活动——2028 年，我们在自己的太阳系邻居火星上，发现了古老的生物体。20 年后，当木卫二上的生命被发现时，全球再次掀起新一轮庆祝浪潮。到 2055年，太阳系外生命首次被发现时，庆祝活动便少了很多。人们的惊奇与兴奋因发现历程的缓慢大打折扣。当时，人类以为地外生命无甚稀奇，它们无处不在。

拥有最高级生态系统的行星——国 –19B——距离我们只有 328光年，这使得它足够接近牛顿阵列提供的实时图像。以我们目前的技术水平，这些图像的分辨率仍有明显局限，但专家们相信，这颗星球便是智慧生命的家园，证据是这颗行星的陆地上存在类似定居点的形状。

这也是我们的热门话题的起点。

"有人说要派一艘载人飞船前往国 –19B。"清华同声团的研究员伯纳德 · 国强（Bernard Kwok Keung）如是说。几周前，国强正在参观卡西尼阵列，讨论这一年夏天牛顿阵列的观测情况。休会期间，他注意到窗外有一个造访的生物群落，于是开始计算。"不需要增强团队也可以计算出，我们不可能把生物群落——哪怕最小的生物群落——达到能够让人类在合理时间抵达这个位置的相对论速度。"他说，然后转身看向土卫六周围的人工智能基底，皱起眉头，"而这些家伙，在星际旅行方面确实有一定优势。"

国强似乎反倒有些如释重负，就像是一个人终于确认了他早有预感的坏消息。 与会者一致认为，国-19B 将在未来千年内进入一个文明快速扩张的阶段。"定居点的格局、星球资源分布，再加上没有明显的杀手级小行星——这是孕育文明的完美组合。"他说，"我愿意付出一切代价去会会他们，但人类尚且没有能力进行这样的旅行。"

三周后，国强回到了卡西尼阵列，为新近成立的阿姆斯特朗远征队提供建议。 纳米级技术制造商正蜂拥而上，按照去年派出的两艘星舰"郑和号"和"埃里克森号"的思路，建造了小到不能再小，但结构非常复杂的"拥光者"号，并获得了从星系内部获取的反物质燃料源，以及由后人类设计的新型鞍点推进装置。 不久之后，这艘星舰将被涂上厚厚的冰层，以保护珍贵的人工智能装载物不受相对论速度冲击的严重影响。

距离"拥光者"号出发还有 3 个月时间，但它已经吸引了众多围观者，既有通过数字方式关注的，也有亲自探访的。 有一群人要求将他们的宗教文本刻在冰层上。 一个来自布鲁克林的代表团正在努力创作一首特别的交响乐，希望在星舰抵达时奏响。 是的，这次远征意义非凡。 它将是真正的第一次接触，是向伟大之物迈出的又一步。 倘若没有这一步，人类将难以为继。

"我爷爷在 1990 年代时是一名公务员，他很喜欢科学。 在我小时候，他就跟我讲过'大过滤器'（the great filter）[1] 的概念，"国强说，他在对"拥光者"的遥测数据进行检查，"我们始终无法在宇宙

---

1. 美国学者罗宾·汉森（Robin Hanson）为解决费米-哈特悖论（Fermi-Hart paradox，即为何人类一直未能发现地外文明）提出的概念。 他把从没有生命的荒芜之地到扩张性的星际文明的演进分为包括合适的行星系统、可自我复制的分子等因素的 9 大阶段，每一阶段都具有阻止地外文明"现身"的"过滤作用"，合在一起便是"大过滤器"。 他认为只有当一个地外文明完全通过了"大过滤器"，人类才有可能与其建立联系。

中找到其他智慧生命存在的信号，这太奇怪了，一定有什么在刻意阻碍它的传递。这是真正的未解之谜。"

国强直起身子，对数据感到满意。"但此时此刻，很明显，任何足够聪明的智慧生命都会在银河系四处散播复制因子，让它们在那里待上 100 万年甚至是 10 亿年——或者是足够散布信号那么久——好吧，他们终究会明白这种努力完全是徒劳的。生命太短，不该把时间浪费在这种事情上，而且我所知道的人工智能很快就会对此感到厌倦。但它们似乎对这次远征足够感兴趣，这对大家都是好事。"

在地球、火星、土卫六、木卫二、整个太阳系一万多个生物群落，人类继续交谈、生活、创造、爱、哭泣。他们中的一些人知道阿姆斯特朗远征队，也许有少数人会感到一丝羡慕与失落，因为它终将抵达一个他无法去到的地方。但即便我们无缘涉足，我们的子孙后代也终将抵达。这也许是我们可以为之骄傲的事。

这是随星舰远航的众多歌曲中的一首：

你看到他们的光在我们眼中消逝，
那本是一艘远境之船为我们送来。
我们无法忍受，我们托付了信任。
但世事难料，谁又能辨得分明。
我们的灵魂经受试炼，接受考验，然后
他们发自内心说爱我们，
但从我们的世界，你不见其他，
但在我们的世界，我们不见其他。
当这不过一步之遥，我们却无法迈出，
她直视我们的双眸，摇了摇头。

终生之旅

我们的旅程尚未开始便已结束。

但世事难料，谁又能辨得分明。

不可知的晦涩难解，以及

他们发自内心说爱我们，

但从我们的世界，你不见其他，

但在我们的世界，我们不见其他。

作者手记

《给 91 件未来事物写历史》最初作为"敲门砖"(Kickstarter)网站的众筹项目，2011 年上线，2013 年由 Skyscraper Publications 正式出版。此次再版，增加了新的章节，一些原有章节也做了大幅修订。这要感谢《麻省理工学院科技评论》(*MIT Technology Review*)主编吉迪恩·利奇菲尔德(Gideon Lichfield)的推荐，同时也要感谢斯图尔特·布兰德(Stewart Brand)邀请我到旧金山的 Long Now 基金会进行演讲，将这本书带给了更多的读者。

有关未来的作品总是保质期有限。我还没遇到哪一位作家不担心自己预测的未来在作品付梓出版的同时便被证明是无稽之谈。但这部作品无关预测或未来的走向，而是关于未来的可能，或者是未来理应如何、不应怎样。很多时候思想家和技术专家们都宣称他们对未来的设想出于完全的理性，这意味着他们能为我们今天该做什么提供同样全然中立的指导。

这当然很好。但我知道我办不到。在这 91 件事物的叙述中，我的政治立场与信仰应该是显而易见的。我希望看到与希望避免的未来都源自这些理念。它们同样也决定了，我认为我们今天可以实现怎样的未来。

自 2013 年以来的 7 年，世界风云变幻，似乎变得越发糟糕。气候危机升级，民主国家正面临着几十年来最大的压力。互联网巨头们的种种做法令人联想起 19 世纪与 20 世纪美国的寡头公司们巩固自己力量的方式。我们有足够的理由对未来忧心忡忡。实际上，鉴于我们所处的现实，不害怕才是愚蠢的，但也只有在害怕的时候，我们才能鼓起勇气。

那些为了创造他们可能永远也看不到的世界辛勤工作的人，那些直面疯狂攻击依然捍卫民主价值的人，那些开拓了 CRISPR 等强大的全新基因工具的人，那些每天都在为保证地球依然适合所有人类居住努力的人，他们都在诠释这种勇气。

　　而我们也有理由心怀希望，因为我们的恐惧不单单来自无知与无能，同样也来自那些早该大白于天下的历史痼疾。互联网可能会让谎言的流传肆无忌惮，但同样也迫使我们面对那些我们宁愿逃避的真相。曾经隐于黑暗千百年的种种不公，如今只需轻点屏幕便可看到。

　　正是这种恐惧、勇气与不确定性的交融，支撑了这一版全新的13 个章节：

　　科技十二美德

　　虚拟形象化身

　　中眼

　　结构光

　　SAGA 舰队第 59 号重型飞机紧急呼号

　　世俗仪式

　　墓碑

　　寻找袋狼

　　丽都浴场

　　新民主

　　梦

　　半空世界

　　增强

这些章节涵盖了更大的地理跨度，它们在本书所有的事物之间编织出更为复杂的关系。正如被取代的 13 件事物，它们也涉及了未来的政治、工作与环境，但我认为它们的视角更加犀利，更贴近我们的时代。

另外还有两章经过了实质性的改写：

沙特之春
《天下》

现在看来，我一度担心本书第一版中的内容会在 2013 年出版后很快过时，但这一担心并未成真。技术和社会的变化尚未迅速到默信、智能药物、送货机器人这样的近未来（near-future）事物都已经司空见惯的地步，更不用说婚姻合同、道德代理、冷却金星这种远未来（far-future）的可能了。因此，本书剩下的所有章节只是在日期及参考资料上进行了必要的更新，但其他方面基本没有变化。